职业教育物联网应用技术专业（智能家居方向）系列教材

智能家居概论

主　编　罗汉江　束遵国
副主编　黄林峰　曹齐光　宋　健
参　编　林凡东　文振宇　汪智勇
　　　　李来存　马遇伯　毕辰龙

机 械 工 业 出 版 社

本书内容全面、新颖，对智能家居的发展现状及未来发展趋势做了详尽的阐述，涵盖了智能家居领域的最新技术。本书由长期从事智能家居领域教学和研究的一线教师和企业人员共同编写，语言通俗易懂，内容编排和选取利于教学的实施，主要内容包括智能家居基础、智能家居的智能化设备、智能家居通信与组网技术、智能家居的智能化技术、智能家居典型应用和智能家居未来发展趋势。

本书适合作为各类职业院校计算机、物联网、电子信息及相关专业的教材，也可以作为学习智能家居的入门教材，还可以作为广大智能家居爱好者、智能家居相关培训、成人教育的教材和相关技术人员的参考书。为满足广大智能家居从业人员的学习需求，增强学生的实践动手能力，在每章后安排了相应的实训内容。

本书配套电子课件及视频，以方便教师授课和学生学习。选用本书作为教材的教师，可登录 www.cmpedu.com 以教师身份免费注册、下载或联系编辑（010-88379194）咨询。

图书在版编目（CIP）数据

智能家居概论 / 罗汉江，束遵国主编. —北京：机械工业出版社，2017.7（2024.8重印）

职业教育物联网应用技术专业（智能家居方向）系列教材

ISBN 978-7-111-57036-3

Ⅰ. ①智… Ⅱ. ①罗… ②束… Ⅲ. ①住宅—智能化建筑—职业教育

—教材 Ⅳ. ①TU241

中国版本图书馆CIP数据核字（2017）第125893号

机械工业出版社（北京市百万庄大街22号 邮政编码100037）

策划编辑：李绍坤 梁 伟 责任编辑：王莉娜

责任校对：马立婷 封面设计：鞠 杨

责任印制：张 博

北京建宏印刷有限公司印刷

2024 年 8 月第 1 版第 14 次印刷

184mm×260mm·9.75印张·195千字

标准书号：ISBN 978-7-111-57036-3

定价：35.00元

电话服务 网络服务

客服电话：010-88361066 机 工 官 网：www.cmpbook.com

010-88379833 机 工 官 博：weibo.com/cmp1952

010-68326294 金 书 网：www.golden-book.com

封底无防伪标均为盗版 机工教育服务网：www.cmpedu.com

前言 PREFACE

随着物联网产业的发展，智能家居作为物联网的一个典型应用方向开始受到越来越多的关注。据统计，2015年全球智能家居市场规模达到了680亿美元，其中我国智能家居市场规模超过400亿元。预计未来五年，全球市场复合增长率超过10%，全球智能家居市场规模在2022年将达到1220亿美元。由于智能家居的发展潜力和巨大的市场前景，各种智能家居设备制造商、智能家居互联网科技企业如雨后春笋般出现，社会需要大量的智能家居行业人才。为弥补智能家居产业发展带来的人才缺口，满足相关专业的教学需求以及广大物联网及智能家居技术爱好者对智能家居了解的需要，编写了本书。

本书以给读者提供智能家居基本知识、提高相关工程能力、培养信息化素养为目标，旨在为社会培养具有智能家居相关技术能力、工程实践能力、应用创新能力的高素质技术技能人才。通过对本书的学习，可为学习其他智能家居后续课程打下基础。

本书内容全面、新颖，尽可能覆盖了智能家居领域的国内外最新技术的发展。书中语言通俗易懂，以方便各层次人员的学习及自学。本书由长期从事物联网及智能家居教学和研究的一线教师和企业人员共同编写，内容编排和选取有利于教学的实施。具体章节安排如下：

第1章介绍了智能家居基础，讨论了智能家居的起源与发展、系统构架及组成、主要技术、应用及前景；第2章介绍了智能家居的智能化设备，包括智能家居传感器、硬件设备、智能穿戴设备和家居服务机器人；第3章介绍了智能家居通信与组网技术，包括各种典型的有线通信技术，各种短距离和长距离无线通信技术以及智能家居互联网接入技术等；第4章介绍了智能家居的智能化技术，包括互联互通技术、云端技术、人工智能技术、控制技术和安全与隐私保护技术；第5章介绍了智能家居典型应用，包括智能家庭、智能教室、智能酒店、智能养老、智能社区及智能家居典型平台案例；第6章介绍了智能家居目前存在的一些问题及未来的发展趋势。建议全书授课学时数为64学时。

本书由淄博职业学院的罗汉江和上海企想信息技术有限公司的束遵国任主编，淄博职业学院的黄林峰、曹齐光和宋健任副主编，参加编写的还有莒县职业技术教育中心的林凡东以及上海企想信息技术有限公司的文振宇、汪智勇、李来存、马遇伯和毕辰龙。其中，本书的第1章、第3章、第4章由罗汉江博士编写，第5章由黄林峰博士编写、第6章由宋健博士编写、第2章由曹齐光编写。淄博职业学院的张驻军、韩兴阳和段金泉也参加了本书的资料收集、绘图和编写工作。全书由罗汉江博士统编定稿。

智能家居的发展很快，未来新知识和新技术必然不断涌现，限于编者的水平，书中难免存在疏漏之处，恳请广大读者批评指正，来信请寄luo.hj@foxmail.com。

编　者

目录 CONTENTS

目录 CONTENTS

目录 CONTENTS

目录 CONTENTS

第1章
CHAPTER 1

智能家居基础

　　智能家居，英文的全称为Smart Home或者Home Automation，其目的在于将人类居住的住宅环境智能化，主要利用日益发展的智能硬件技术、网络通信技术、自动化控制技术、智能信息处理技术如云技术、大数据技术、人工智能技术等，将家中的物体智能化，实现人与物的无缝互动，使人类居住环境具有舒适性、便利性、安全性和节能环保性等特征，提升人类居住环境的质量水平。

　　智能家居也是物联网的"万物互联"在人类居住环境中的具体应用，近年来随着相关技术的逐步成熟而得到飞速发展，市场需求与规模急剧扩大。2015年全球智能家居市场规模达到680亿美元，中国智能家居市场规模超过400亿元，预计未来5年全球市场复合增长率超过10%，全球智能家居市场规模在2022年将达到1220亿美元。

　　智能家居具有很长的产业链，其智能化涵盖家居照明、安防、供暖、空调等家电、娱乐、保健、医疗、看护、厨房等，其扩展应用如智能酒店、智能教室、智能社区、智能养老等。因此随着市场的逐步扩大，越来越多的传统硬件企业、互联网企业、房地产家装企业如谷歌、苹果、微软、三星、华为、小米等纷纷抢滩智能家居市场，未来全球智能家居行业具有很好的发展前景。

　　本章主要介绍智能家居的基础知识，包括智能家居的起源、智能家居的基本组成与架构方式，智能家居涉及的主要技术以及智能家居的应用特征和应用前景。通过本章的学习，读者将对智能家居有总体的了解，为后续章节的学习打下基础。

1.1 智能家居的起源与发展

1.1.1 智能家居的起源

　　智能家居最早可以追溯到1984年在美国出现的第一幢"智能建筑"。该建筑名为"都市办公大楼"（City Place Building），在美国康涅狄格州（Connecticut）哈特福特（Hartford）市，由一幢38层的旧金融大厦改建而成。负责改造工作的美国联合科技公司（United Technologies Building System）将建筑设备信息化的概念应用到改造中，是世界上公认的第一幢"智能大厦"，从此揭开了世界争相建造智能家居的序幕。

　　对于智能家居概念的推动，比尔·盖茨功不可没。在1997年，比尔·盖茨在华盛顿湖附近历经数年建成私人豪宅，耗资高达近1亿美元，堪称是当时智能家居的典范之作。该豪宅依照当时智能住宅的概念建造，其所有家居及电器设备如门窗、灯具、家用电器等都通过网络连接在一起，形成一个可以通过计算机进行控制和管理的家居网络系统。该系统有专用的服务器作为控制中心，仅铺设的电缆就长达50mile（英里，1mile≈1609m）。在这所智能豪宅里布满了各类传感器，可以远程或自动控制如浴池的水自动调温、树木的自动需水浇灌、房间的温度自动控制等。更为令人惊讶的是，该智能家居还可以实现依人而变的环境自动定制。该定制使用巧妙的电子胸针结合房间密布的各类传感器共同实现，它们能够记录客人首次访问的各类喜好，如喜好的温度、灯光、音乐、画作、电视节目、电影爱好等。这样，当该客人再次光临该豪宅时，客人活动时的环境就可以依他而变。

　　尽管智能家居的概念起源很早，经过了几十年的发展，智能家居有望进入市场和技术发展的快车道，在不久的将来惠及千万普通百姓的家庭居住环境，但是对于我国智能家居的发展而言，仍然任重而道远。下面简单介绍我国智能家居的发展历程和目前的发展现状。

1.1.2 智能家居的发展历程

　　我国智能家居起步较晚，但发展较快，其发展大致分为四个阶段：萌芽起步阶段、开创发展阶段、融合发展阶段和成熟阶段。

1. 萌芽起步阶段（2000年之前）

　　智能家居在国内是一个新生事物，行业和企业处于对智能家居的概念熟悉、产品认知阶段，整个行业也处在萌芽阶段。这个阶段并没有非常专业的智能家居生产厂商，仅出现少数代理和销售国外智能家居产品的进口零售业务，产品也多销售给居住在国内的欧美用户。

2. 开创发展阶段（2000~2010年）

从2000年开始，通过广播、电视、报纸、杂志等新闻媒体的广泛宣传，智能家居的概念逐步走入普通百姓。在深圳、上海、天津、北京、杭州、厦门等城市，先后成立了几十家智能家居生产及研发企业，智能家居的市场逐渐启动。到2004年，智能家居全面推广，房地产企业也开始使用"智能小区""智能家居"的名词，以增加待售房屋的卖点。但在2005年之后，由于技术等因素的制约和智能家居企业的快速成长所导致的激烈竞争，智能家居行业遭遇了市场的调整，部分智能家居生产企业退出市场，部分企业缩减了市场规模。与此同时，国外部分智能家居品牌却逐步进入中国市场，如罗格朗、霍尼韦尔、施耐德、Control4等。正如任何新技术的发展一样，这一阶段经历了从第一波快速发展到进入自我调整的稳定发展时期。

3. 融合发展阶段（2010年至今）

这一阶段，应该说与各种新技术的发展融合造就的新一波信息化发展有关。这一阶段的典型技术以物联网、移动互联网、云计算、大数据以及2016年突然发力的人工智能等息息相关。与世界各国一样，我国在2009年提出了大力发展物联网的战略。移动互联网发展也突飞猛进。截至2015年，我国使用移动互联网的人数接近9亿。此后，我国明确提出建设智慧城市，到2016年全国已经有500多个城市提出要建设智慧城市。智慧城市的建设要求大力发展智慧社区，而智能家居是智慧社区的重要组成部分。因此，智慧城市的建设极大地推动了智能家居的发展。

从2010年至今，我国智能家居硬件产品发展迅速，在消费市场中日益普及，智能家居规模在2015年之后出现明显增长。预计，到2018年，我国智能家居市场规模将达到1400亿元，国内大批科技企业将介入智能家居市场，如海尔、小米、华为。另外，地产企业也开始与科技企业联姻，未来智能家居或成为住宅标配。

此外，智能家居也从单纯的智能硬件的零散局部化的智能控制，开始与云计算、大数据以及人工智能等紧密结合，逐步向平台和生态转变，智能家居正向着更加智能、甚至智慧的方向发展。如亚马逊公司在2014年发布了Echo语音助理设备，除了听音乐，使用者随时可以通过语音命令控制家中的智能设备。谷歌也推出了Google Home，成为智能家居中的智能新"助手"，可以控制用户家中不同的联网设备并能回答用户提出的各类问题。苹果也在全球开发者大会上发布了HomeKit，试图争夺智能家居这块"家庭"蛋糕。

4．成熟阶段（预计到2030年之后）

尽管智能家居在新一波信息技术的推动后发展迅猛，但智能家居的成熟与发展不会轻易实现。原因在于，智能家居所强调的智能需要依赖信息化技术如人工智能技术、机器人技术、物联网技术、大数据技术的发展和成熟。而业界认为，这些技术的真正成熟，有可能在2030年之后。因此，智能家居的完全成熟发展与应用或将在2030年左右真正实现。

1.1.3　智能家居基本概念

那么，什么是智能家居呢？可以认为：智能家居是利用计算机技术、通信与网络技术、自动控制技术、信息处理等技术，通过有效的传输网络，将住宅智能化系统、多元信息服务与管理等集成在一起，构建高效的住宅设施与家庭日常事务管理系统，提供使用便捷、安全舒适的家居环境和管理的一种信息网络控制系统。

如前所述，智能家居也是智慧社区的重要组成部分，而智慧社区是智慧城市的重要基础，三者的关系如图1-1所示。需要说明的是，与智能家居密切相关的一个概念是智慧家庭，又称为智慧家庭服务平台。它的定义：综合运用物联网、云计算、移动互联网和大数据技术，结合自动控制技术，将家庭设备智能控制、家庭环境感知、家人健康感知、家居安全感知以及信息交流、消费服务等家居生活有效地结合起来，创造出健康、安全、舒适、低碳、便捷的个性化家居生活。可以看出，智慧家庭可以看作是在智能家居基础上的扩展，它更加强调用户的体验，并强调信息技术的应用。

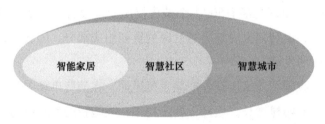

图1-1　智能家居、智慧社区与智慧城市的关系示意图

1.1.4　智能家居与物联网

另外一个与智能家居密切相关的概念是物联网（Internet of Things），实际上可以认为智能家居是物联网技术在家居环境中的具体应用。物联网的目标是实现物物相连接的网络，下面了解一下物联网的基本概念。

简单地说，物联网就是通过条码与二维码、射频标签（Radio Frequency Identification，RFID）、全球定位系统（Globle Positioning System，GPS）、红外感应器、摄像头、激光扫描器、各类传感器及其构成的网络等自动标识与信息传感设备及系统，按照约定的通信协议，通过各种局域网、互联网等，将物与物、人与物、人与人等连接起来，进行通信，实现对各类物体的智能化识别、定位、跟踪、监控及管理使用的一种信息网络。

物联网的基本组成如图1-2所示，主要包括感知层、信息传输层（将感知信息传输到局域网、互联网层等）、信息服务与应用层三层架构。感知层负责感知物体的信息，具体实现感知的方式包括通过RFID感知、无线传感器网络感知、识别条码二维码感知、各类感应器和摄像头感知等。具有感知能力的物体需要通过有线或者无线的方式组成一个系统网络，从而将感知信息实现可靠传输。具体的实现形式可以是直接接入互联网，或者先组成局域网然后再接入互联网。最后一层是信息服务与应用，可以对感知的信息进行处理并加以应用，或者根据处理的信息对物体进行控制等。物联网实质上是利用网络实现人-物、物-人、物-物等进行信息交换的信息物理系统（Cyber-Physics System，CPS）。

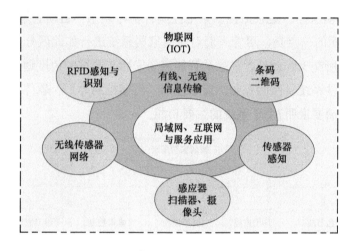

图1-2 物联网的基本组成示意图

1.2 智能家居的系统构架及组成

1.2.1 系统构成

智能家居系统构成可以大致分为硬件设备和软件系统。如果从实现功能上分，由于智能家居需要解决的问题较多，主要涉及家庭安防保护、环境调节、智能照明管理、健康监测、家电智能控制、能源智能计量、应急服务、家庭网络等多个方面，所以一个典型的智能家居系统如图1-3所示，主要包括家电控制、灯光控制、窗帘控制、环境（温湿度）控制、节能控制、娱乐控制、安防控制、健康监控、车辆控制和家庭灌溉控制等。

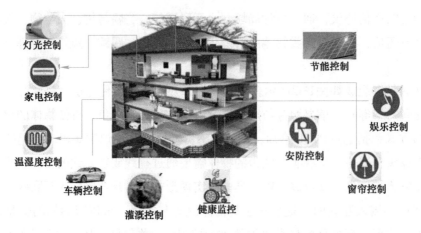

灯光控制

节能控制

家电控制

娱乐控制

温湿度控制

安防控制

车辆控制

窗帘控制

灌溉控制

健康监控

图1-3 典型智能家居系统构成示意图

一般而言，从智能家居的应用功能上进行划分，一个智能家居系统主要包括安防控制、绿色节能、环境监控、健康监控、家电控制、学习娱乐、自动管家7个子系统，如图1-4所示。需要说明的一点是，尽管人们对智能家居系统进行如此区分，各个子系统部分涉及的硬件还会有所交叉。此外，如果从智能家居安装与调试的角度划分，可能包括智能家居布线系统、硬件系统（照明控制、窗帘控制、门窗控制等）、软件系统（组网、控制等调试）等。下面简要说明7个子系统的主要功能。

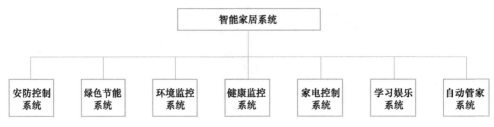

图1-4 智能家居系统构成示意图

1. 安防控制系统

安防控制系统是智能家居系统的重要组成部分，可靠而智能的安防控制系统能够确保智能家居用户的生命财产安全，及时发现安全隐患并能够及时进行自动处理。安防控制系统主要实现家庭防盗、防火、煤气泄漏监测与报警、用电安全、用水安全、家电安全、车辆安全等，并能够提供自动报警及自动处理、紧急求助等。该系统涉及的传感器包括门磁感应器、红外感应器、玻璃破碎探测器、吸顶式热感探测器、煤气泄漏探测器、烟感探测器、监控摄像头等。将家庭安防控制系统与智能社区相连接，可以实现更强功能的安防控制。

2. 绿色节能系统

智能家居绿色节能系统旨在实现智能家居低碳节能、绿色环保运行。它涉及自动照明、家居用电监测、温度控制（空调、地暖）、淋浴系统、热水器、电冰箱、娱乐家电、自动窗户窗帘、房屋再生能源系统、自动灌溉系统等，涉及的传感器和家电包括红外及超声波感应器、人体存在监测感应器、恒温控制器、智能灯具、智能家电、光伏发电太阳能电池板和汽车自动充电器等。

3. 环境监控系统

智能家居环境监控系统主要为居住人提供一个安全、健康、舒适的生活环境。一般而言，主要对家居中的环境情况，如室内温度、空气湿度、有害气体含量（二氧化碳浓度、甲醛浓度、烟雾、PM2.5、粉尘颗粒浓度等）等情况进行实时监测，并能针对实时监测的情况对环境进行调节，如通过相应的家电设备（换气扇、空气净化器等）的开启与关闭，自动适应居住者的需求。

4. 健康监控系统

健康监控系统主要通过智能家居中的智能穿戴设备（智能手表、智能手环等）、智能马桶（尿液监测）、智能呼吸监测仪、体重计、智能健身器材、智能电冰箱、油烟机等对人的睡眠、饮食、活动、生活习惯、身体体征等进行实时记录、统计和分析，对不健康生活提出预警，对健康生活提供指导。除此之外，健康监测还可以结合其他传感器设备，对老人、病人、小孩等实施健康监测和看护。如果将智能家居健康监控系统与远程医疗看护相连接，在家里使用智能综合测试仪将对家人的体温、脉搏、血压、血糖、血氧浓度、心电图、体重等信息定期上传，那么可通过专业医生的反馈指导保证健康的生活。

5. 家电控制系统

家电控制系统主要实现智能家居系统中各类家电的使用与监控。使用者可以通过手机、声音、语音控制智能家电的开启、运行与停止，方便在智能家居中对各类电器设备的使用（包括远程控制家电）。此外，家电控制系统还可以根据预先设定，通过智能插座、环境监测传感器等实现对环境的自适应，对家电自身正常运行提供监测与保护，并能自动控制（如窗帘自动控制、照明灯光自动控制、厨房自动控制等）。

6. 学习娱乐系统

学习娱乐系统实现整个家庭对于家庭影音系统（电视机、投影仪、音乐播放器）、智能手机、计算机（平板式计算机、笔记本式计算机）等的智能使用与管理，满足对于娱乐、信息以及生活学习的需要。由于终身学习已经成为生活的重要组成部分，智能化的辅助学习设备可以满足人们预设的学习需求。此外，智能聊天机器人能够满足家庭成员对知识的获取需求，并具备一定的陪护功能。

7. 自动管家系统

自动管家系统利用人工智能技术和互联网技术以及各类智能硬件（如智能机器人、各类自动智能家电等），协助主人管理整个家庭，如自动清理卫生、自动灌溉草坪、协助安排与提醒各类工作、生活计划的实施、自动叫醒服务等。随着人工智能的发展，自动管家系统将使得智能家居更加智慧化。

1.2.2 硬件设备

智能家居系统中包括的硬件种类繁多，复杂程度也不一样，但其共同的特征是在原来的物体中嵌入"智能"，使原来熟悉的物体具备感知、控制和联网功能，是将物联网（Internet Of Things）应用到家居环境中并满足智能家居需求的一种具体实现。

智能家居硬件设备的感知功能主要通过传感器来实现。传感器（Sensors）是一种可以对物体和环境进行监测的装置，可以将监测和感知的信息转换为电信号或其他形式的信息进一步输出，满足后续的信息传输、处理、存储、显示、记录和控制等要求。在智能家居中，传感器可以看作是物体的"眼睛、耳朵和鼻子"，正是这些传感器让物体具备智能。比如家里发生了煤气泄漏，装有气敏元件的传感器就可以及时感知到，"嗅"到煤气的味道，这个感知信息可以进行后续的相应处理，如报警（比如将泄露信息发送到主人手机上），自动打开抽油烟机，自动开启窗户，甚至可以自动关闭煤气阀门。

传感器是实现智能家居自动监测、自动控制的首要组成部分，其发展特征是微型化、智能化和网络化。从感知的角度传感器可以分为热敏、光敏、气敏、力敏、磁敏、湿敏、声敏、放射线敏感、色敏和味敏等种类。一般而言，在智能家居中，它们并非独立存在的，而是嵌入到具备感知和控制功能的智能物体设备中。

智能家居中的各类智能物体，不仅需要具备感知与控制能力，而且由于未来智能家居的发展需要形成一个包括安防控制、绿色节能、环境监控、健康监控、家电控制、学习娱乐、自动管家等子系统的统一智能的系统，因此智能物体还需具备联网的能力。也就是说，这些含有传感器的物体，需要通过有线或者无线的方式连接到智能家居所组成的系统中。将智能物体通过有线的方式连入智能家居的网络中，具备简单可靠的特点，但对于需要移动的物体，无法实现；而采用无线的方式具有联网简单、移动方便、灵活的优势。因此，目前无线联网是发展趋势。

智能家居中智能硬件种类很多，一般而言，根据具体需要实现的功能，会涉及多个相关的智能物体。比如安防控制系统可能涉及无线智能锁、无线窗磁门磁、无线智能抽屉锁、无线红外探测器、防燃气泄漏的无线可燃气体探测器、防火灾损失的无线烟雾火警探测器、防围墙翻越的太阳能无线电子栅栏、防漏水的无线漏水探测器、无线车库门控制器等。环境监控系统可能涉及空气质量探测器、环境光传感器、温湿度传感器、温度控制器、调光器、换风系统、加湿器、无线插座等。环境监控系统中的智能照明控制可能涉及光传感器、无线调光器、无线开关等。环境监控系统中的窗帘控制可能涉及无线窗帘控制器、无线百叶窗控制器、无线卷帘门控制器等。健康监控系统会涉及无线智能体重计、无线智能血压监控、无线紧急求助按钮、各类智能穿戴设备、智能马桶等。家电控制系统涉及无线智能插座、无线红外转发器（可控制空调、电视机、地暖、热水器等）、无线断电报警器、无线断电自动照明系统、无线自供电智能电源等。学习娱乐系统可能涉及智能音箱、声音控制智能家居控制器、具备人工智能的智能伴侣、智能学习助手等。自动管家系统可能涉及智能机器人、卫生清理机器人、草坪自动割草机、草坪自动灌溉设备等。

1.2.3 软件系统

智能家居的软件系统是智能家居实现智能的根本所在，正如一部智能手机，如果没有软件存在，只是一堆堆砌的电子器件而已。智能家居的软件贯穿于智能家居硬件的底层，如对嵌入到智能家居物体中的传感器的访问与控制。软件还可以实现感知数据的传输、控制命令的传递，这主要通过智能家居组成的网络实现，包括有线网络和无线网络。

对于软件最能直接感受到的是，利用软件可以实现各种具体的应用，比如可以在手机中用软件编制各种APP等对智能家居进行感知与控制。比如，使用手机APP控制智能灯的开启与关闭，以及各种颜色的选择。再如，苹果公司在2016年的WWDC苹果全球开发者大会（Worldwide Developers Conference）上发布了基于HomeKit的应用程序Home，并在iOS 10系统中自带HomeKit控制入口，从而给所有HomeKit硬件提供了一个统一的管理入口和界面。通过HomeKit可以实现对智能家居多个硬件设备的感知与控制，如图1-5所示。

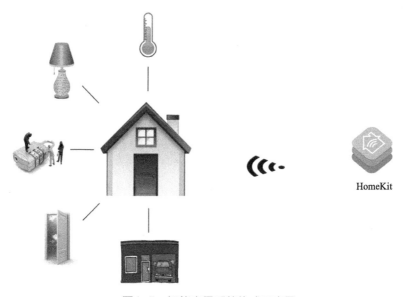

图1-5 智能家居系统构成示意图

软件技术还可以实现智能家居整个系统的控制，一些智能家居的方案通过智能网关（有些方案采用智能路由器）实现。在这些方案中，智能网关不仅是这个智能家居的组网和数据传输中心，并且是整个智能家居所有控制及应用的指挥中心。依赖智能网关设备，还可以运行更为复杂、功能更为强大的智能家居操作系统，实现该操作系统，进而实现整个智能家居系统的运行与控制。

由于智能家居系统正逐步朝着网络化、信息化、智能化、一体化的方向发展，智能家居不再是一个独立的封闭系统。通过智能网关、智能家居操作系统，或者其他智能网络硬件，智能家居可接入互联网，从而获得更强大的功能。比如借助互联网，智能家居可以接入智能小区，甚至智慧城市中去，为智慧城市的最终实现奠定坚实的基础。

特别值得说明的是，由于云计算、大数据和人工智能最新的发展，智能家居作为物联网的一种具体应用，正在收获这些技术所结的硕果，为智能家居安上一颗更加"智慧的大脑"，实现各种新的软件和信息服务。智能家居不仅能获取数量更多、质量更高的服务体验，最为重要的在于，也许在未来，智能家居能够实现真正的"智能"。

1.3 智能家居的主要技术

智能家居涉及的技术很多，但从功能的层级结构上类似于物联网，如图1-6所示，大致可以分为环境感知技术、数据传输技术和智能控制技术等。环境感知类似于物联网的感知层，主要获取智能家居本身或者周围环境的信息，这是实现智能家居的基础。感知的信息需要传输和汇总，而传输数据需要建立一个网络，不论是有线的还是无线的。一旦感知信息被可靠传输而得以汇总，在智能家居控制中心（智能路由器、智能网关等）可以对信息进行数据处理和相应决策，并可以进一步将控制信息反馈到智能家居的硬件中，对智能家居进行开、关、启动、停止、调整运行状态等控制，实现整个智能家居系统的运行。

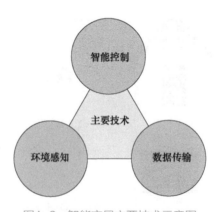

图1-6　智能家居主要技术示意图

1.3.1 环境感知技术

智能家居环境感知技术与传感器技术密不可分，而传感器技术属于多学科交叉的高新技术，涉及物理学、化学、生物学、材料科学、电子学，甚至通信与网络技术等。智能家居中的传感器是一些能够探测并感受外界的各种物理量（如光、热、湿度）、化学量（如烟雾、气体等）、生物量，以及其他还没有定义的自然参量的物理装置。

在智能家居系统中，传感器是采集信息的基础，利用它们可实现对智能家电、居住环境或物体的监测，达到环境"感知"的目的。不过，在整个智能家居系统中，传感器的信息需要数字化才能进行网络传输和信息处理。因此，一般而言，传感器需要将感知到的物理量、化学量或者生物量等转化成能够处理的数字信号。具体的实现办法一般需要将自然感知的模拟电信号通过放大器放大后，再经模-数转换器转换成数字信号。

智能家居感知技术需要传感器在各种变化的环境中准确地进行感知，由于许多传感器装置需要干电池供电，因此要求其能耗要低。传感器有时需要嵌入到被控制的家电中，因此体积小也是必然的要求。与之相应的一种微机电系统技术（Micro-Electro Mechanical Systems，MEMS）最近发展很快，这也是智能家居中的一项关键技术。利用MEMS技术可以将传感器、信号处理、控制电路、通信接口和电源等部件组成一体化的微型系统，可以大幅度提高系统的自动化、智能化和可靠性水平。

在智能家居的系统控制中，传感器技术还与无线网络技术、纳米技术等相结合，将感知信息、分布式信息处理技术、无线通信技术等结合到一体，实现智能可靠的微小无线传感器节点（Wireless Sensor Node）。

由于智能家居需要整个系统的优化实现，因此会涉及多个传感器间的联动，需根据场景设置传感器联动等技术，从而实现更加智能化的服务。当然，这些联动问题不仅涉及传感器本身，还涉及感知信息的传输、信息处理（决策实现）以及控制等。

在智能家居的环境感知中，还涉及对物体或人的感知、自动识别与定位。自动识别技术指使用一定的识别装置（如摄像头、指纹识别器等），通过被识别物品和识别装置之间的接近活动，自动地获取被识别物品的相关信息，并提供给后台的计算机处理系统来完成相关后续处理的一种技术。识别技术可以区分被识别的物体（或人），有时还需要定位物体的位置、物体移动的情况等，用以实现更加准确的环境感知。目前经常采用的识别技术有图像识别技术、射频识别RFID技术、GPS定位技术、红外感应技术、声音识别技术、动作识别技术（姿态、手势等）、生物特征识别技术（指纹、虹膜等）等。

1.3.2 数据传输技术

在智能家居中，各类智能物体需要连接在一起，才能实现对感知数据的传输，进而实现对智能家居中各类智能家电的控制。这种连接，需要使用网络，并通过网络对感知信息进行传递、汇聚、处理，以满足智能家居对智能家电进行所需的控制。如果从信息化的视角看，智能家居需要实现信息的流动，这些信息的流动行为包括信息感知、信息收集、信息处理和信息应用。智能家居的信息流动需要网络的存在（更进一步实现信息融合、信息处理和信息应用等）。如果没有信息的流动，智能家居涉及的各个智能物体所组成的环境以及所居住的人就是孤立的，不能实现智能控制。

所以说，智能家居的数据传输技术也就是智能家居的组网及通信技术。这种组网及通信技术有局部化的，可以实现在智能家居内部智能物体间的数据传递。比如要实现当房间中活动的人离开一定时间后，房间中的照明灯自动变暗或者关闭的情景控制，那么负责对人进行监测的传感器一旦监测到人已经离开一定时间后，就要通知相应的控制照明的传感器做出预定的照明控制。另外，一些智能家居的控制需要智能家居系统将监测信息传递到互联网上，比如当家里没有人时发生了入室盗窃，这个信息需要传递给外界，如传递到用户的手机，或者传递到小区负责保安的人员处等。因此，许多智能家居厂商把智能网关、智能路由器等作为智能家居的控制中心就不足为奇了。比如智能路由器，它本身具有连接智能家居内部智能家电（内网：比如智能家居的智能家电采用Wi-Fi控制）的能力，同时具有连接互联网（外网）的能力。这样，在没有强大的、专门负责智能家居控制中心硬件设备的前提下，在原来家庭路由器的基础上，增加了新的功能，且容易被家庭所接受。

智能家居所需要的网络形式，可以是有线网络和无线网络。有线网络连接可靠，比如使用总线技术，甚至还可以利用家庭的220V供电线路使用电力载波技术将智能家电有线连接。当然，有线方式一般有布线的麻烦。无线网络具有更多灵活、方便的优势。智能家居大多适宜采用短距离组网方式，典型的通信距离大多在100m以内。目前这些组网技术种类繁多，各有优势，常用的有蓝牙技术、Wi-Fi技术、ZigBee技术、Z-Wave技术、LiFi（Light Fidelity,可见光无线通信）、UWB（Ultra Wide band，超宽带）技术、NFC（Near Field Communication,近场通信）技术、RFID技术等。对于智能家居中的一些智能家电，可能还需要低功耗的远距离通信技术，如即将商用的NB-IoT（Narrow Band Internet of Things，窄带蜂窝物联网），具备低功耗和低成本的特点，传输距离可达数十千米，在智能家居中可满足"永在线"的需求，实现对智能家居家电的远程控制、安防报警及运行状态监控等。比如，通过在私家车（汽车、摩托车、电动车等）上安装NB-IoT，可以将这些物体纳入智能家居的控制系统。需要指出的是，对于一个实际的智能家居控制系统，一般需要利用上述的各种技术组成一个混合网络。

1.3.3 智能控制技术

智能家居的智能控制技术主要包括数据处理技术、人工智能技术、中间件技术、安全与隐私保护技术等。在智能家居系统中，智能控制技术随着大数据、云计算和人工智能的发展，已成为最具有活力和革命性的关键核心技术。未来智能家居的进一步发展，很大一方面会取决于智能控制技术的发展，尤其是人工智能在智能家居中的发展和应用。

智能家居的智能化控制技术与智能家居的发展阶段和发展状态有关系，比如拿照明控制来说，最早的控制是使用无线开关代替机械手动电气开关。有了无线开关，也许还是需要用手按动墙壁上的无线开关，但这个无线开关并不通过实际的电气线路与原来的灯泡相连接。再进一步的，可通过ZigBee或者蓝牙等无线通信方式，将开灯或者关灯的无线信号传递到灯具的无线控制器上，然后通过集成在智能灯泡上的控制电路使灯开启或者关闭。

再进一步的智能化控制，可以借助越来越普及的智能手机实现，即在智能手机上安装控制照明的APP软件，就可以通过手机控制灯的开启和关闭。此外，配合智能灯泡的发展，还能控制灯的亮度和颜色变换。随着人工智能技术的发展与应用，使用语音控制或者手势控制，也会成为未来新的发展趋势。再进一步的发展，智能照明还能够借助机器学习、数据挖掘、神经网络、人工智能等，使智能控制具备自己学习的能力，能够自适应环境，并能满足居住人生活习性的个性化的智能控制。

下面主要从智能数据处理技术、中间件技术和安全与隐私保护技术三个方面简单讲述其发展。

1. 智能数据处理技术

一般而言，智能家居数据处理技术可以分为本地化的数据处理和远程云端的数据处理，进而实现对智能家居的控制。应该看到，本地化的数据处理与控制尽管有许多优势，比如实时响应速度快等，但由于本地化的数据计算能力有限，因此采用智能家居"本地化+云端"相结合的方式是未来发展的趋势。采用这种方式，一方面可保证智能家居内部基本控制的有效实现，另一方面可借助云端的外脑，实现更为复杂的智能化控制。

智能家居在云端主要依赖数据（大数据）、处理（云计算）和学习（机器学习、数据挖掘、神经网络、深度学习）这三者的有机结合，最新的发展是人工智能AI（Artificial Intelligence）在智能家居中的应用。三者中的大数据来自于大量智能家居设备的网络化，在智能家居的初级阶段，首先进入家庭的或许并非完整的一套智能家居系统，而是大量以单件形式存在的智能家居设备，如智能照明灯或带有语音智能识别的智能音箱等。这些智能家电的网络化或者云端化，积累了大量的感知数据。这些感知数据是潜在的财富，需要云计算（Cloud Computing）技术进行大规模的处理，将里面的宝贝（规律）挖掘出来，进而应用到智能家居控制中。

因此，云技术是处理大数据的一种技术，它通过网络将庞大的计算处理程序自动拆分成无数个较小的子程序，再交给由数量众多的服务器所组成的庞大系统进行计算分析之后，将处理结果回传给用户。利用云计算技术，在数秒之内能够处理数以千万计甚至以亿计的信息，达到和超级计算机同样强大效能的网络服务。使用云计算进行计算具有非常显著的性价比优势，可实现对大量智能家居数据的处理、分析、挖掘，能更加迅速、准确、智能地对智能家居进行及时、精细的管理和控制。

最近随着人工智能的发展，尤其是深度学习（Deep Learning）的发展，创造一个具备自我学习能力的人工智能环境重新激起了人们的热情。尤其在智能家居应用方面，尽管人们的理想是要创造一个智能化的生活空间，但实质上到目前为止，智能家居所具备的智能仍有限。未来利用机器学习、数据挖掘、神经网络、深度学习等新技术的发展，创造一个具备自我学习能力、自我适应能力并能提供个性化服务的智能家居系统将成为新的憧憬和发展方向。

人工智能又称为机器智能，主要研究如何用计算机表示和执行人类智能活动，并模拟人脑所从事的推理、学习、思考和规划等思维活动，解决需要人类的智力才能处理的复杂问题，如管理决策等。发生在2016年围棋界的两次轰动性事件，引起了人们对于人工智能的新兴趣。2016年3月15日，谷歌旗下英国公司DeepMind开发的AlphaGO 计算机程序，在与世界顶尖天才棋手李世石的五番棋对决中，以4:1完胜，刷新了人类对机器具备的学习能力的看法。紧接着，在2016年12月29日，上线刚刚一周的Master连续击败网络围棋高手，连胜人类60局，在网上围棋界引起一场轩然大波。事后，谷歌承认，Master就是AlphaGO的最新版。

将人工智能应用到智能家居中，最令人期待和振奋的是让智能家居具备学习能力。而这些能力的获取，可以利用机器学习、模式识别、数据挖掘、神经网络、深度学习、强化学习等来实现。比如模式识别，可以通过计算机用数学方法进行模式的自动处理和判读，如用计算机实现对文字、声音、人物和物体等的自动识别。目前机器学习的本质是从大量现有的大数据中学习其中的规律，如采用神经网络和深度学习，基于语音实现对智能家居硬件控制的人机交互成为可能。

借助云端大脑，亚马逊在2014年11月正式发布Echo智能音箱，短短2年时间，销量已经突破500万台，其强大的动力来自于人工智能语音助手Alexa，目前其响应速度仅为1.5s，比Google的Siri还要优秀。尤其是在2015年6月，亚马逊宣布开放Alexa，允许第三方开发者在Alexa平台上开发基于语音的各种控制并可以应用于智能家居中。不到一年半的时间，兼容Alexa的硬件已经超过7000种，并且增长速度越来越快。

2. 中间件技术

当前，智能家居还没有统一的标准，而构造一个完整的智能家居系统，不仅要集成多个厂家的优势智能家居产品，而且由于智能家居的技术也在发展之中，仅无线通信协议就达10种以上，因此急需解决不同智能家居产品之间的交互问题。如在整个智能家居系统中，包含电灯、电冰箱、洗衣机、电饭煲、热水器、电视机、洗衣机、窗帘等不同厂家的产品，各自支持的通信协议有ZigBee、Wi-Fi、Z-Wave、蓝牙等，而通过中间件技术可以在一定程度上解决上述产品互联互通的问题。

中间件（Middleware）实质上是一组高度可复用的软件，它通过提供标准的程序接口、协议等，屏蔽实现细节，提高软件的易移植性，主要解决异构网络下分布式软件的互联和互操作问题。在目前还缺乏统一有效的智能家居操作系统的情况下，开发中间件是解决智能家居硬件孤岛问题的一个有效办法。

对于智能家居而言，中间件必须能够满足大量应用的需要；能够运行于多种硬件和操作平台；能够支持分布计算，提供跨网络、硬件和操作平台的透明应用和服务交互；提供标准的接口；提供标准的协议等。智能家居中间件在功能上需要屏蔽异构性，即能够解决智能家居种类繁多的硬件设备问题，并解决这些设备采集的不同的数据格式问题，对不同的数据格式进行转化统一，以方便应用系统进行处理。

中间件还可以实现互操作的服务。在智能家居应用中，一般一个感知设备采集的信息往往需要在多个智能家居子系统中使用。因此，需要解决不同的子系统之间的数据互通与共享问题，使得不同应用系统的处理结果不依赖于各自的计算环境。此外，中间件还可以完成数据预处理的任务，先对采集的原始数据进行过滤、融合、纠错等处理，然后再将其传送给相对应的系统进行后续处理。

3. 安全与隐私保护技术

智能家居为人类提供更加舒适、智能的服务，但任何技术都是双刃剑。智能家居将原来封闭使用的家电连接到了网上，这给安全和隐私带来了问题。相关数据显示，到2016年，全世界在智能家居领域将有3.3亿件联网设备投入使用，是2015年物联网设备总数的近2倍。如此海量的智能设备连接在网络中，加上智能家居的使用者是人，其安全与隐私保护问题如果得不到保障，随着越来越多的智能家电联网，将会给智能家居的发展带来灾难。

比如，智能家居的许多智能控制具备远程控制功能，如果被心怀恶意的黑客利用，就可以随意控制家中的电器，甚至将别人家的智能锁破解打开，开启煤气，控制热水器的温度等。因此，随着人类社会进入物联网时代，如果没有可靠的安全保护，智能家居中联网的智能设备完全可以被不良企图者控制，既可以窥探个人隐私，还可以操纵智能家电为所欲为。

2016年10月21日发生在美国的一次长达数小时、涉及多个城市互联网瘫痪的事件，即所谓的"Mirai僵尸物联网"事件，其最大帮凶竟然是智能硬件设备，是黑客利用病毒感染了物联网设备，进而利用这些设备发起攻击。该事件中，网络受到"分布式拒绝服务"（Distributed Denial of Service，DDoS）攻击。此次DDoS攻击事件涉及的IP数量达到千万量级，其中很大部分来自物联网和智能设备，包括每个家庭身边的摄像头等普通设备，甚至包括智能豆浆机。这次由智能家居硬件设备参与的网络安全事件，给智能家居及物联网的发展敲响了警钟。

　　智能家居所带来的隐私保护问题也不容忽视。在人们享受智能家居带来的舒适便利的同时，隐私也会因为智能家居的安全性不高而暴露无遗，最终影响人们的正常生活。在智能家居的一些应用中需要自动感知活动者信息，如位置信息、状态信息等。在大数据分析的数据中包含居住者的个性信息，此信息一旦泄露，居住者生活起居信息、生活习惯都可能被全天候监视，从而暴露无遗。所以，当这些信息中涉及个人隐私问题时，需要利用技术保障必要的安全。除了技术保障，随着智能家居和物联网应用的普及，也需要制定新的法律法规来保护安全与隐私问题。

1.4 智能家居应用及前景

1.4.1 应用特点

　　智能家居旨在利用物联网技术结合家居创造一个新的居住、工作、学习和生活环境。从应用上，这个环境具有健康、舒适、安全、绿色节能环保等特点。

1. 健康

　　智能家居能够创造一个健康的工作和生活环境，包括能够实现健康的环境，能对有害气体和空气污染颗粒等进行及时监测，并自动改善空气质量；能够通过智能穿戴设备、智能马桶、智能医疗设备及对生活者的自动智能监测等，甚至通过智能体重计、智能电冰箱中的物品、智能厨房监测等，对个人健康、生活习惯、饮食、睡眠等进行及时监测并记录。通过健康提醒等服务，给家庭和个人提供健康控制和保障。

2. 舒适

　　智能家居能够提供一个舒适的环境，这依赖于对智能家电的自动控制，对环境的自动监测与调节，还依赖于人工智能的应用。比如，智能家居中的多数家电能够自动控制，窗帘、照明、温度、湿度等也能自动控制。智能管家系统把人从日常的烦琐劳动中解放出来，如智能机器人可自动清扫卫生、自动浇灌草坪、自动清理草坪。基于人工智能的机器人助手，不仅可通过语音控制智能家电，还能协助人们的日常工作生活，比如早起叫醒、工作计划提醒、音乐自动播放、信息查询（天气预报、新闻等），甚至能够帮助人们自动回复邮件，预订酒店、机票，外出打车等。

3. 安全

　　安全体现在智能家居本身居住环境的安全监测与保护，如安防控制，能够及时发现煤气泄漏、火灾、房屋水管漏水、房屋被入侵等情况，并采用相应的安全措施，保证财产安全。另外，安全还体现在智能家电本身的使用安全，保证智能家电不被恶意利用和入侵，不被任意实行远程控制，造成使用安全和财产损失。最后，智能家居的安全还体现在对智能家居使用者的个人安全隐私保护，不能因为安全不够，导致个人隐私信息泄露。

4．绿色节能环保

智能家居既是人类生活工作的重要空间，也是人类居住环境的重要一部分。智能家居在满足人自身要求的基础上，还需要利用智能技术实现其社会价值并做出贡献。智能家居的绿色节能环保特征就是为了实现这个目的。利用智能家居技术，结合智能建筑，在设计与建设期间，就可以将智能家居完整地纳入，从而实现智能家居运行的低能耗，并借助多种智能家居发电技术（如太阳能发电）等，维持整个智能家居的绿色环保节能运行，降低对环境的污染与破坏。

1.4.2 技术特征

智能家居是物联网在家居环境中的具体应用，因此也具有与物联网应用相似的特征。从技术层面上讲，其具体特征如下。

1．对实时响应要求高

智能家居的许多应用对实时响应要求高。如检测发现有煤气泄漏、火灾、房屋水管漏水、房屋被入侵等，就需要立即响应，做出相应的动作。如果不能实现实时响应，会造成严重的后果和损失。还有一些应用，如果响应时间太长，会使使用者有不适应的使用体验。如原来家庭中使用机械电气开关，用手合上开关，灯立即打开或者关闭，响应时间短。如果改用无线控制开关或使用手机APP等控制时，无线传输必然有一定延时，但如果这个延时比较长，则使用者将非常不习惯和不适应。再比如，使用声音控制智能电器，智能语音识别需要时间，控制也需要时间，但就如用户开口喊"芝麻开门"，喊了之后如果5s后，被控制的电器才开始动作，则是无法忍受的。因此，智能家居对实时响应要求较高。

2．智能化应用

从智能家居的名称可以看出，智能家居强调的是智能化应用，而智能化应用体现在多个层次。较低层次的智能化，比如改变家电控制的方式，可以采用手机控制，还可以通过声音控制；较高层次的智能化，可以设置控制模式，通过软件预先设定模式，当条件满足时，按照预定的模式控制家电；更高层次的智能化，可以是具备学习能力的自适应环境控制，通过学习环境的特点和使用者的特点，实现具有个性化智能需要的控制。这种具备学习能力的智能化控制需要依赖机器学习和积累的大数据共同实现。

3. 网络化的特性

智能家居实现智能控制，实际上是对物体的虚拟数字化，也就是通过对物体的感知，产生数字化的信息，而这些信息必须流动才能产生控制价值。而实现信息流动的是网络化。因此，智能家居本质上与物联网的应用一样，是通过网络实现信息的流动、处理与控制的。智能家居中应用的实际是混合的网络，即有线网络和无线网络混合，以及各种无线协议的混合应用。构建一个整体性的智能家居控制系统，需要解决多样性的网络特性问题，以保证智能化控制智能家居的信息可靠畅通。

1.4.3 应用前景

智能家居具有巨大的市场潜力。据权威市场调研机构Gartner发布报告称，预计到2020年，在全球近20亿的家庭中，智能家庭用户将达2.4亿。一个完整而成熟的智能家居系统，需要连接的智能物体多达几十个，因此智能物体总的数量将达百亿以上。数据资源网站Statista显示，2016年智能家居全球市场的收入达168亿美元，其中中国市场占市场份额的1.8%。预计到2021年，智能家居产业在中国每年将有62.5%的复合增长率，市场收入将达134.29亿美元。从智能家居在中国的家庭普及率来看，2016年仅为1.8%，预计到2021年可达到12.6%。应该说明，智能家庭是智能家居在家庭上的具体应用。但广义上的智能家居，包括更多人类居住的环境，如智能酒店、智能老人看护，甚至包括智能教室、智能办公室等。因此，智能家居具有非常广的应用前景。

尽管智能家居具有非常好的发展前景和巨大的市场潜力，但应该看到到目前为止，智能家居产业仍不成熟，智能家居家庭普及率不高。多数家庭仅使用单一的智能家居产品，各大厂商也在努力建立自己的生态系统，但缺乏统一标准和平台。目前为止，也仅有海尔推出全球首个智慧家庭系统UHomeOS。因此，距离生态体系的构架和完整智能家居的系统完成，还有很多困难需要克服。另外，现阶段的智能家居产品并没有实现真正的智能，很多智能家居的产品基本上停留在远程控制这一初级层面，用户体验并不好。而真正的智能化产品，除了具备基本的感应能力，还要有自适应能力，甚至自学习能力，这些都要依赖智能家居完整系统的建立，尤其是人工智能在智能家居方面的应用发展。再有，智能家居的安全问题需要引起高度重视，因为没有智能家居的安全，其未来的发展必然会受到制约。

可以相信，随着新的一波人工智能的高速发展以及大数据、云计算的新发展，在物联网实现"万物互联"的大潮下，智能家居行业不仅孕育着巨大的市场潜力，也迎来了未来较好的发展时期，并必将带来新一轮的快速增长。

1.5 本章小结

本章概要介绍了智能家居的整体概念和基础知识。首先介绍了智能家居的起源与发展历程，智能家居的系统构架及组成，然后介绍了智能家居涉及的关键技术，如环境感知技术、数据传输技术、智能控制技术等，最后介绍了智能家居的应用及前景。

思考题

1）简述什么是智能家居。

2）简述智能家居、智慧社区与智慧城市的关系。

3）智能家居系统一般由哪几部分组成？

4）智能家居的主要技术有哪些？

5）简述智能家居的应用特征。

6）根据自己的理解收集资料，说一说智能家居的应用前景。

实训1　智能家居应用系统演示

1. 实训目的

了解智能家居的基本构成。

了解智能家居的环境感知、数据传输和智能控制的基本概念。

2. 实训设备

实训箱或智能家居实训套件、PC1台、无线节点1个、传感器（光照传感器等）1个，相应配套软件1套。

3. 关键知识点

传感器的基本概念。

无线节点的基本概念。

网络传输的基本概念。

4. 实训内容

利用无线节点，连接光照传感器1个，模拟天黑时通过光照传感器采集信息的过程，然后通过无线传感器将照明灯通电点亮。

5. 实训总结

通过本实训对简单智能家居的应用控制有了感性认识，对传感器、无线节点、智能家居硬件以及环境感知、数据传输、智能控制等有了初步认识。

第2章 CHAPTER 2

智能家居的智能化设备

  智能化是由计算机技术、通信技术、智能控制技术汇集而成的针对某一个方面的智能集合。随着时代的进步，产品设备的智能化水平也越来越高，智能化的产品开始逐渐渗透到各行各业以及生活中的方方面面，开始出现了各式各样的智能化设备。伴随着智能家居产业的发展，智能家居迫切需要研制智能化设备，让现有设备具有自我检测、自我诊断和自我控制功能，以适应信息化、自动化、网络化的要求，从而使之成为智能家居的一个有机组成部分。智能化就是让设备具备准确的感知功能、正确的判断功能以及行之有效的执行功能。

  传统的智能设备输出信号多是模拟量，本身不具备信号处理和联网功能，需连接到特定的相关仪器才能实现信号的处理和传输。而现代的智能化设备自身可以完成对数据的处理，并可以通过有线或无线接口实现与外界数据的交换，并根据实际的需要通过软件控制改变设备的工作状态，从而实现家居的网络化、智能化。

  本章主要介绍智能家居的智能化设备，包括智能化设备概述、传感器基础、智能家居硬件设备、智能穿戴设备、智能家居控制设备等。通过本章的学习，读者可以了解智能家居智能化设备的基本概念，熟悉它们的分类，结构以及一些基本原理。

2.1 智能化设备概述

1. 智能化设备的关键技术

智能化设备涉及的关键技术主要包括自我检测和自我诊断两方面的内容。自我检测是智能化设备的基础；自我诊断是智能化设备的核心。其涉及的关键技术主要有以下几个方面。

（1）传感技术　智能化设备和传感技术有着紧密的联系。智能化设备首先需具备准确的感知功能，这是实现智能化功能的前提。传感技术能让设备获得各式各样的感知能力。在智能家居中，温度、湿度、光照度、气体浓度、声音等测量参数都离不开传感技术。可以说人们经历了计算机时代、通信时代，当前正在进入"感知时代"，传感技术发展日新月异，以智能家居等为代表的智能化设备需求也呈快速增长趋势。

（2）通讯技术　智能化的实现离不开通信技术，通信技术是智能化设备控制系统中必不可少的组成部分。现有的无线通信技术，如蓝牙、Wi-Fi技术，尤其是ZigBee技术，为智能家居设备之间的互联提供了支持。智能家居是一个基于网络的智能控制系统，它通过家庭网络连接各种设备（如音频和视频设备、照明、窗帘控制、空调控制、安全系统、数字影院系统、网络家电等）。

（3）自诊断技术　功能完备的智能化设备需具备准确的感知功能、正确的判断功能以及行之有效的执行功能。感知功能是传感器的基本任务，判断则是控制器的功能，主要就是自诊断技术。目前自诊断技术的研究主要集中在专家系统、模糊逻辑控制、人工神经网络以及其他人工智能方面。

（4）电磁兼容技术　智能化设备是传统电气设备与计算机技术、控制理论、传感器技术、网络通信技术、数据处理技术、电力电子技术等相结合的产物。因此，其本质上是一种机电一体化设备，是一个"弱电"和"强电"相混合的系统，其电磁兼容性越来越成为系统设计和系统制造过程中需要考虑的重要问题。

2. 智能化设备的功能

智能化设备应具备以下功能。

（1）自我完善能力

1）具有改善静态性能，提高静态测量精度的自校正、自校零、自校准功能。

2）具有提高系统响应速度，改善动态特性的智能化频率自动补偿功能。

3）具有抑制交叉敏感，提高系统稳定性的多信息融合功能。

（2）自我管理与自适应能力

1）具有自检验、自诊断、自寻故障、自恢复功能。

2）具有判断、决策、自动量程切换与控制功能。

（3）自我识别与运算处理能力

1）具有从噪声中辨识微弱信号与消噪的功能。

2）具有多维空间的图像识别与模式识别的功能。

3）具有数据自动采集、存储、记忆与信息处理的功能。

（4）交互信息能力　具有双向通信、标准化数字输出以及拟人类语言符号输出等多种输出功能。

3. 智能化设备的特点

智能化设备具有以下特点。

(1) 高精度　智能化设备可通过自动校零去除零点,与标准参考基准实时对比自动进行系统标定、非线性等系统误差校正,实时采集数据进行分析处理,消除偶然误差影响,从而保证智能化设备的高精度。

(2) 高可靠性与高稳定性　智能化设备能自动补偿因环境参数发生变化而引起的系统特性的漂移,如因环境温度、系统供电电压波动而产生的零点和灵敏度的漂移;在被测参数变化后能自动变换量程,实时进行系统自我检验、分析,判断所采集数据的合理性并自动进行异常情况的处理。

(3) 高信噪比与高分辨力　由于智能化设备具有数据存储、记忆与信息处理功能,通过数字滤波等相关分析处理,可去除输入数据中的噪声,自动提取有用数据;通过数据融合、神经网络技术,可消除多参数状态下交叉灵敏度的影响。

(4) 自适应性强　智能化设备具有判断、分析与处理功能,能根据系统工作情况决策各部分的供电情况、与计算机的数据传输速率,使系统工作在最佳状态并优化传输效率。

(5) 较高的性能价格比　智能化设备具有的高性能是通过与微处理器相结合,采用廉价的集成电路工艺和芯片以及强大的软件来实现的,所以具有较高的性能价格比。

4. 智能化设备的发展趋势

智能化设备是根据现代技术发展的需求而提出来的。推广应用微电子学与微处理机技术对智能化设备进行革新改造,已成为智能化设备发展的新方向。从技术的角度讲,其发展趋势大致可分为以下3个方面。

1) 广泛采用半导体集成技术,使智能化设备微电子化。

2) 智能化设备与表面安装技术(SMT)相结合,使智能化设备模块化。

3) 智能化设备与微处理机技术相结合,促进了智能化设备向智能化发展。

2.2　传感器基础

2.2.1　传感器的概念

1. 定义一

国家标准中传感器(Transducer/Sensor)的定义:能够感受规定的被测量并按照一

定规律转换成可用输出信号的器件或装置。

该定义包含以下4个方面的含义。

1）传感器是测量装置，能完成检测任务。

2）输入量是某一被测量，可能是物理量，也可能是化学量、生物量等。

3）输出量是某种物理量，便于传输、转换、处理、显示等，可以是气、光、电物理量，主要是电物理量。

4）输出输入有对应关系，且应有一定的精确程度。

2. 定义二

国际电工委员会（IEC）对传感器的定义：传感器是测量系统中的一种前置部件，它将输入变量转换成可供测量的信号。

传感器承担着将某个测量对象的参数转换成电信号的工作。这里的对象可以是固体、液体或气体，而它们的状态可以是静态也可以是动态。对象的特性可以是物理性质的，也可以是化学性质的。按照其工作原理，传感器将对象特性或状态参数转换成可测定的电学量，然后将此电信号分离出来，送入传感器系统加以评测。各种物理效应和工作机理被用于制作不同功能的传感器。传感器可以接触被测量对象，也可以不接触。用于传感器的工作机理和效应类型不断增加，其包含的处理过程日益完善。

常将传感器的功能与人类五大感觉器官相比拟。光敏传感器—— 视觉，声敏传感器—— 听觉，气敏传感器—— 嗅觉，化学传感器—— 味觉，压敏、温敏、流体传感器——触觉。

国家标准中传感器的定义中，"一定规律"是指传感器工作所依据的物理、化学和生物效应，并受相应的定律和法则所支配。如物理基本定律包括：守恒定律（能量、动量、电荷等），场的定律（动力场运动定律、电磁场的感应定律），物质定律（虎克定律、欧姆定律、半导体材料的各种效应），统计法则（把微观系统与宏观系统联系起来的物理法则，它们常与传感器的工作状态有关）。

传感器一般由敏感元件、转换元件、测量电路三部分组成，如图2-1所示。

图2-1　传感器的组成

其中，能把非电信息转换成电信号的转换元件是传感器的核心。敏感元件预先将被测非电量转换为另一种易于转换成电量的非电量，然后再转换为电量，如弹性元件。因此，并非所有传感器都包含这两部分，对于物性型传感器，一般就只有转换元件；而结构型传感器就包括敏感元件和转换元件两部分。

测量电路指将转换元件输出的电量转换成便于显示、记录、控制和处理的有用电信号的电路。传感器的测量电路经常采用电桥电路、高阻抗输入电路、脉冲调宽电路、振荡电路等特殊电路。

2.2.2　传感器的分类

依据不同的标准，传感器可以有多种分类方法，具体如下。

1）按照传感器的工作原理分类，可分为电阻式传感器、电容式传感器、电感式传感器、电压式传感器、霍尔式传感器、光电式传感器、光栅式传感器、热电偶传感器等。

2）按照其用途分类，可分为力敏传感器、位置传感器、液面传感器 、能耗传感器、速度传感器 热敏传感器、加速度传感器、射线辐射传感器、振动传感器、湿敏传感器、磁敏传感器、气敏传感器、真空度传感器、生物传感器等。

3）按照其输出信号分类，可分为模拟传感器和数字传感器。模拟传感器将被测量的非电学量转换成模拟电信号。数字传感器将被测量的非电学量转换成数字输出信号。

4）按照能量转换原理分类，可分为有源传感器和无源传感器。有源传感器将非电量转换为电能量，如电动势传感器、电荷式传感器等；无源传感器不起能量转换作用，只将被测非电量转换为电参数的量，如电阻式传感器、电感式传感器和电容式传感器等。

5）在外界环境的作用下，所有材料都会做出相应的、具有特征性的反应。那些对外界环境最敏感的材料，即那些具有功能特性的材料，被用来制作传感器的敏感元件。从所应用的材料观点出发，可将传感器分成下列几类。

① 按其所用材料的类别，分为金属传感器、聚合物传感器、陶瓷传感器、混合物传感器。

② 按材料的物理性质，分为导体传感器、绝缘体传感器、半导体传感器、磁性材料传感器。

③ 按材料的晶体结构，分为单晶传感器、多晶传感器、非晶材料传感器。

6）按照其制造工艺分类，可分为集成传感器、薄膜传感器、厚膜传感器、陶瓷传感器。

集成传感器是用标准的生产硅基半导体集成电路的工艺技术制造的，通常还将用于初步处理被测信号的部分电路也集成在同一芯片上。

薄膜传感器则是通过沉积在介质衬底（基板）上的相应敏感材料的薄膜形成的。使用混合工艺时，同样可将部分电路制造在此基板上。

厚膜传感器是利用相应材料的浆料涂覆在陶瓷基片上制成的，基片通常是用三氧化二铝制成的，然后进行热处理，使厚膜成形。

陶瓷传感器采用标准的陶瓷工艺或其某种变种工艺（溶胶-凝胶等）生产。

完成适当的预备性工作之后，已成形的元件在高温中进行烧结。厚膜和陶瓷传感器这两种工艺有许多共同特性，在某些方面，可以认为厚膜工艺是陶瓷工艺的一种变型。

7）智能家居中包含的传感器主要有智能空调中的温度传感器，智能照明中的光照传感器，智能供暖中的温湿度传感器，智能影音系统中的红外传感器、声音传感器，智能灌溉系统中的温湿度传感器、光照传感器，智能换风系统中的气体传感器，智能背景音乐中的人体感应传感器，安防监控系统中的摄像头、红外传感器，防盗遥控窗帘中的光线传感器等。常见传感器的分类及说明见表2-1。

表2-1 常见传感器的分类及说明

分 类 法	型 式	说 明
按基本效应分类	物理型 化学型 生物型	采用物理效应进行转换 采用化学效应进行转换 采用生物效应进行转换
按构成原理分类	结构型 物性型	以转换元件结构参数变化实现信号转换 以转换元件物理特性变化实现信号转换
按能量关系分类	能量转换型 能量控制型	传感器输出量直接由被测量能量转换而来 传感器输出量能量由外部能源提供，但受输入量控制
按工作原理分	电阻式 电容式 电感式 压电式 磁电式 热电式 光电式 光纤式	利用电阻参数变化实现信号转换 利用电容参数变化实现信号转换 利用电感参数变化实现信号转换 利用压电效应实现信号转换 利用电磁感应原理实现信号转换 利用热电效应实现信号转换 利用光电效应实现信号转换 利用光纤特性实现信号转换
按输入量分类	长度、角度、振动、位移、压力、温度、流量、距离、速度等	以被测量命名（即按用途分类）
按输出量分类	模拟式 数字式	输出量为模拟信号（电压、电流） 输出量为数字信号（脉冲、编码）

2.2.3 典型智能家居传感器

典型的智能家居一般包含以下4个物理量的测量。

（1）温度 系统可以调控家中的温度，每时每刻都能享受最适宜的温度。

（2）亮度 系统根据实际的需要调节到最理想的亮度，而且当环境发生变化时还能再次调节，达到节约能源的效果。

（3）声音 家中的家电设备可以通过声音来控制，不需要去按开关控制家电。

（4）气体 家中产生大量的烟雾，系统可以自动启动通风器。如发生火灾时，系统可以自动启动家中的火警系统。

1．集成温度传感器

（1）原理 将敏感元件、A—D转换单元、存储器等多个部件集成在一个芯片上，直接输出反应被测温度的数字信号，使用方便，但响应速度较慢（100ms数量级），如图2-2和图2-3所示。

图2-2 集成温度传感器DS18B20　　　　图2-3 温湿度监测器

（2）特点

1）适应电压范围更宽，为3.0~5.5V，在寄生电源方式下可由数据线供电。

2）独特的单线接口方式。DS18B20在与微处理器连接时仅需要一条接口线即可实现它们之间的双向通信。

3）DS18B20支持多点组网功能，多个DS18B20可以并联在唯一的三线上，实现组网多点测温。

4）DS18B20在使用中不需要任何外围元件，全部传感元件及转换电路集成在形如一只晶体管的集成电路内。

5）温度控制范围为-55~125℃，在-10~85℃时控制精度为±0.5℃。

2．可见光传感器

（1）原理 ISL29004是光数字传感器（图2-4），集成了电流放大器、用于消除人为光闪烁的50Hz/60Hz抑制滤波器，能将光照度转换成简便易用的16位、I^2C标准数字输出信号。ISL29004内部有两只光敏二极管，一只光敏二极管检测环境中可见光和红外光的照度，另一只光敏二极管只检测环境中红外光照度，两只光敏二极管的光谱响应是互不依赖的。

图2-4 ISL29004光数字传感器

（2）特点

1）大量程测量兼有高分辨力。

2）先进的A—D转换技术和智能滤波算法，在满量程的情况下仍可保证输出码稳定。

3）采用A—D转换电路、数字化信号传输和数字滤波技术，传感器的抗干扰能力增加，信号传输距离远，提高了传

图2-5 照度监测器

感器的稳定性。

3. 声控传感器

（1）原理　声控传感器是通过拾取声音进而进行控制的一类传感器，比如可以实现对照明灯的声音控制。典型的声控传感器由音频放大器、选频电路、延时开启电路和晶闸管电路组成。结合对照明灯的控制，利用声控传感器可以实现一种控制灵敏的声控灯，采用声音控制信号，即可方便及时地打开和关闭声控照明装置，并有防误触发的自动延时关闭功能，并设有手动开关，使其应用更加方便。声控灯由话筒、音频放大器、选频电路、倍压整流电路、鉴幅电路、恒压源电路、延时开启电路、可控延时开关电路、晶闸管电路组成，如图2-6所示。

图2-6　声控传感器

（2）特点

1）操作简便、灵活

2）抗干扰能力强

4. 气体传感器

（1）原理　气体传感器是一种将某种气体体积分数转换成对应电信号的转换器。探测头通过气体传感器对气体样品进行调理，通常包括滤除杂质和干扰气体、干燥或制冷、处理仪表显示部分。可燃气体传感器模块如图2-7所示，图2-8所示为组装好的燃气探测器。

图2-7　可燃气体传感器模块

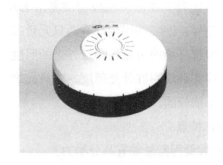

图2-8　燃气探测器

（2）特点

1）稳定性。稳定性是指传感器在整个工作时间内基本响应的稳定性，取决于零点漂移和区间漂移。零点漂移是指在没有目标气体时，整个工作时间内传感器输出响应的变化。区间漂移是指传感器连续置于目标气体中的输出响应变化，表现为传感器输出信号在工作时间内的降低。理想情况下，一个传感器在连续工作条件下，每年零点漂移小于10%。

2）灵敏度。灵敏度是指传感器输出变化量与被测输入变化量之比，主要依赖于传感器结构所使用的技术。大多数气体传感器的设计原理采用生物化学、电化学、物理和光学。首先要考虑的是选择一种敏感技术，它对目标气体的最大限值或爆炸下限值的检测要有足够的灵敏性。

3）选择性。选择性也称为交叉灵敏度，可以通过测量由某一种浓度的干扰气体所产生的传感器响应来确定。一定浓度的目标气体所产生的传感器响应在追踪多种气体的应用中是非常重要的，因为交叉灵敏度会降低测量的重复性和可靠性。

理想传感器应具有高灵敏度和高选择性。

4）抗腐蚀性。抗腐蚀性是指传感器暴露于高体积分数目标气体中的能力。在气体大量泄漏时，探头应能够承受期望气体体积分数10~20倍。在返回正常工作条件下，传感器漂移和零点校正值应尽可能小。

2.3　智能家居硬件设备

2.3.1　硬件设备概念

智能家居硬件设备指智能家居系统中有形的装置和设备的总称。

在信息获取方面，智能家居的硬件设备主要包含各类传感器，如门磁感应器、红外感应器、玻璃破碎探测器、吸顶式热感探测器、煤气泄漏探测器、烟感探测器、监控摄像头、红外传感器、超声波感应器、人体存在监测感应器等。

在信息传输方面，智能家居的硬件设备主要包含各种互联设备，如路由器、集线器、交换机、集线器、中继器，有线介质有双绞线、同轴电缆、光纤，无线介质有电磁波、光波、红外线等。

在信息处理方面，智能家居的硬件设备主要包含网关，也称中央控制器。家庭智能网关是智能家居的心脏，通过它实现系统信息的采集、信息输入、信息输出、集中控制、远程控制、联动控制等功能。

2.3.2　硬件设备分类

智能家居的体系从应用功能上划分成7个控制子系统，主要包括安防控制、绿色节能、环境监控、健康监控、家电控制、学习娱乐、自动管家。从功能的角度，硬件设备可以分为以下种类。

1）安防控制系统设备：安装门磁、窗磁，防止非法入侵；报警控制器具有紧急呼叫功能，可对住户的紧急求助信号做出回应。安全防范系统可以通过网关切断某些家用电器的电源、打开部分照明灯，控制门磁和窗磁、烟感探测器和厨房可燃气体探测器等。

2）绿色节能系统设备：智能恒温器能够通过手机进行无线远程控制，可在离开家时自动关闭冷暖气，在回到家之前提前制热或制冷，节省约20%的能源。智能灯泡往往采用低功率LED，大约能够节省80%的能源。智能插座是将传统的家用电器智能化，如电视机、灯具、咖啡机等。插座支持无线连接，可通过手机远程控制开关，因此插在插座上的家电自然也被互联网化了。这种形式可以实现一定的节能效果，数据显示约为16%，尤其适合电视机、灯具、空调等容易忘记关闭的设备。智能烘干设备往往集成了检测水分的传感器，能够更精准地计算出烘干时间，而不是简单地按照用户预设的标准运行。

3）环境监控系统设备：环境质量监测网络要涵盖大气、水、土壤、噪声、辐射等环境要素，应统一规划、合理布局，使功能完善。空气和废气监测仪器主要包含环境的状态检测以及环境污染检测。环境的状态检测包含了温湿度检测仪、光照检测仪等。环境污染检测包含污染源烟尘（粉尘）在线监测仪，用于在线监测烟尘、粉尘排放量（浓度或总量）；烟气（SO_2、NO_x）在线监测仪，用于在线监测家中SO_2、NO_x的含量，通过流量测量来实现总量监测；PM10采样器，用于采集环境空气中空气动力学直径在$10\mu m$以下的颗粒物。

4）健康监控系统设备：人体健康监测器，它可对人体体温和心率进行监测，并通过数字显示，同时可以设置心跳指示灯，同步显示心跳情况，最终达到既能正确显示测量结果，又可以实现超常报警的目的。在智能家居中还可以设置脉搏传感器、心音传感器、测湿传感器、血压传感器、穴位传感器以及血糖传感器等用于监测人的健康状况的传感器。

5）家电控制系统设备：家电控制器是智能家居控制系统的核心设备，通过家庭网络有线或无线方式组网，接收家电控制终端软件发出的控制命令，从而输出相应的射频信号，实现对智能灯光控制器、智能窗帘控制器、智能插座等前端控制设备和红外家电设备的控制。

6）学习娱乐系统设备：学习娱乐系统整合了大屏幕显示器、游戏机、音频设备等，已发展为儿童和成年人都爱不释手的名副其实的室内电子游乐场。通常，用户通过一个遥控器便可完全控制这些系统。

7）自动管家系统设备：自动管家系统中应用各类智能硬件，如智能机器人、自动智能家电帮助主人管理整个家庭，如自动清理卫生、自动灌溉草坪、协助与提醒各类工作、生活计划的实施，自动叫醒服务等。

2.3.3　典型硬件设备

1. 门磁

门磁是一种安全报警设备。门磁又称门磁开关，由两部分组成：较小的部分是永磁体，内部的一块永久磁铁用来产生恒定的磁场；较大的部分是门磁主体，内部有一个常开型的干簧管。当永磁体和干簧管靠得很近时，门磁传感器处于工作守候状态；当永磁体离开干簧管一定距离后，门磁传感器处于常开状态。永磁体和干簧管分别安装在门框和门扇里，如图2-9和图2-10所示。

图2-9　门磁一

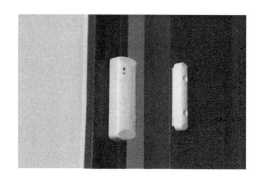

图2-10　门磁二

2. 智能插座

智能安全插座是一种全新理念的安全插座，主要用于家用及办公用电器。将智能IC芯片嵌入到插座中，可自动在线检测电流变化，从而实现电器待机断电，解决待机能耗问题。智能插座采用红外线感应的方式来开启电源，不会改变人们原有的使用电器的习惯，使用更方便，并且内设防雷电、防高压、防短路、防过载功能，真正做到了安全、节能减排、绿色环保。图2-11和图2-12所示为其实物图。

图2-11　智能插座一

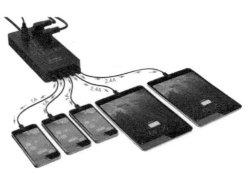

图2-12　智能插座二

3. 烟雾传感器

烟雾传感器可以监测烟雾浓度，而常用的烟雾探测方式有离子感烟探测、光电感烟探测两种方式。

离子感烟探测方式的电离室是密封的，烟雾进不去。当没有烟雾时离子能到达对面电极，内、外电离室电压、电流平衡；当有烟雾进入外电离室时，烟雾阻止了离子到达对面电极，外电离室电场失去平衡，被报警器探测到后发出警报。

光电感烟探测利用红外线探测，分为前向反射式和后向反射式。后向反射式对黑烟、灰烟不够敏感。图2-13和图2-14所示为其实物和安装图。

图2-13　烟雾传感器实物　　　　　　　　　　图2-14　烟雾传感器安装图

4. 智能床垫

智能床垫针对人类睡眠特征，采用全球多种优质、健康的睡眠原材料，经过科学的组合设计而成。智能床垫可抬高腿部位置，使血液回流，对心脏、大脑和腿部大有裨益；可抬高头部位置，方便在床上进行看书、看电视等娱乐活动。其背部滚动式按摩和背、腿部振动式按摩，可放松肌体、调节身心、充分保障睡眠品质。

智能床垫的主要功能有以下6个方面：电动排骨架可以进行颈部深度保护；个性化床垫兼容各类软硬度床垫；个性化床框嵌入，可无痕嵌入各类床框；安全性健康保护，可及时断电，零辐射；人体理疗系统升级为三段理疗按摩；操控系统便捷，使用无线操控器。图2-15和图2-16所示为智能床垫。

 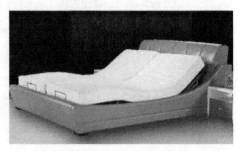

图2-15　智能床垫一　　　　　　　　　　图2-16　智能床垫二

2.4 智能穿戴设备

2.4.1 智能穿戴设备概念及分类

1. 智能穿戴设备概念

智能穿戴设备是采用穿戴式技术对日常穿戴进行智能化设计、开发出的可以穿戴的设备的总称，如眼镜、手套、手表、服饰和鞋等。

智能穿戴设备包括不依赖智能手机实现完整或者部分功能的设备，如智能手表或智能眼镜等。还包括需要智能手机配合才能使用的设备，它们一般只专注于某一类应用功能，如各类进行体征监测的智能手环、智能首饰等。

"谷歌眼镜（Google Glass）"的正式发布让智能穿戴技术家喻户晓。智能穿戴技术也可称为"可穿戴技术（Wearable Technology）"。所谓的智能穿戴技术就是通过计算机和电子技术，将时尚的电子设备作为服装和服装的附件或依附于身体的物品，以实现各种实用功能的高科技信息技术。它通常是由传感器、驱动器、显示器和单片机等部件组成的。这些部件嵌入生活中使用的物件之中，能够完成多项任务的操作，它伴随着人们日常的工作、生活、娱乐，并随时提供帮助。

智能穿戴技术在计算机学术界和工业界一直备受关注，由于其成本高、技术复杂，很多相关设备仅停留在概念上。随着移动互联网的发展和高性能低功耗处理芯片的推出，部分智能穿戴设备已经从概念化走向商用化，如谷歌眼镜、苹果及三星智能手表，使智能穿戴的概念得到了广泛普及。英特尔、索尼等公司也竞相涌入智能穿戴设备市场，国内百度、盛大、中兴、华为、联想、小米等企业也纷纷宣布其智能穿戴设备的研发和上市计划。

2. 智能穿戴设备的分类

（1）按产品形态分类如下

1）头戴：眼镜和头盔。

2）手戴：手表和手环。

3）衣服类：外衣、内衣和鞋类。

（2）按产品功能分类如下

1）人体健康、运动追踪类：Nike+系列产品、Jawbone Up、叮咚手环、GlassUp、Fitbit Flex，这些智能穿戴设备，主要通过传感器对用户的运动情况和健康状况做出记录和评估，大部分需要与智能终端设备进行链接，以显示数据。

2）综合智能终端类：Google Glass这些设备虽然也需要与手机相连，可是功能更加强大，独立性更强，未来将成为智能穿戴设备的主导产品。

3）智能手机辅助类：Pebble智能穿戴设备作为其他移动设备的功能补充，一方面必须与智能手机等设备配合使用，另一方面也简化了智能手机的操作。

2.4.2 典型智能穿戴设备

1. 智能眼镜

谷歌眼镜Google Glass是目前最受关注的信息类可穿戴设备。除了可通话、发送短信、发送邮件、查看新闻等资讯外，谷歌眼镜本身还是一个网络入口，用户可以通过语音输入在网络上进行查询，并在屏幕上实时显示包括导航、生活等各种信息。谷歌眼镜内置了微型摄像头，还配备了头戴式显示系统，可以将数据投射到用户右眼上方的小屏幕上，而电池也被植入眼镜架里。谷歌眼镜让用户可以通过语音指令拍摄照片、发送信息，以及实施其他功能。例如，用户对着谷歌眼镜的麦克风说"好了，眼镜"，一个菜单即出现在用户右眼上方的屏幕上，显示多个图标，让你可以拍照片、录像、使用谷歌地图、打电话。图2-17和图2-18所示为谷歌眼镜。

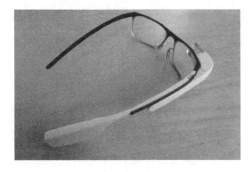 

图2-17 谷歌眼镜一　　　　　　　　　　　图2-18 谷歌眼镜二

谷歌眼镜的主要功能如下：

（1）拍照和摄像　谷歌眼镜可以很方便地拍照和摄像。用户只要简单地说下"眼镜，开始录视频吧"，它就会拍摄画面，还可以向其他人分享自己正在看的景物。

（2）谷歌搜索　用户可以让谷歌眼镜去辨别物体，信息呈现和问题回答都几乎是自动的。例如，谷歌眼镜会自动在乘客前呈现飞机的起飞时间和放行李的方向。

（3）全程语音导航　谷歌眼镜会手把手教用户怎么走。它可以通过谷歌地图将附近的地图展现在面前，还会语音提示在哪条街转弯，全程音控导航系统在步行中很有用。

（4）语音翻译　翻译是谷歌眼镜的另一项特性。比方说，用户可以直接向眼镜提问，怎么用巴西语说"美味"，谷歌眼镜会很快回应。

（5）视觉提醒　谷歌眼镜可以提醒最近要做的事情，不过它是视觉提醒。比如，用户可以看向一个与任务相关的物体说"提醒我"，那么谷歌眼镜就自动为这个物体拍摄照片，下次就用照片来提醒用户。

（6）支持谷歌Now应用　谷歌眼镜把谷歌Now应用整合在一起，可以根据所在地呈现各种实时信息。比如，当用户接近一个地铁站时，谷歌眼镜就会把地铁时刻表呈现在用户面前。

（7）姿势控制　谷歌眼镜可以感应用户脸部和头部的简单动作。比如，可以通过眼球的移动来控制屏幕，还可以通过点头来滚动屏幕。

（8）通过眼镜聊天　能用谷歌眼镜进行语音聊天和视频聊天，向聊友展示正在看的景物。

（9）第三方应用集成　Evernote、Path、Skitch这些第三方应用软件将会最先安装到谷歌眼镜中。

（10）近视眼镜　谷歌眼镜也不排斥拥有普通眼镜的功能。谷歌公司宣称，可能会在今年出"处方版"（指具有一定度数）的眼镜，用户可自行添加所需镜片。

2. 智能手环

智能手环可以记录日常生活中的锻炼、睡眠、甚至饮食等实时数据，并将这些数据与手机、平板、iPod同步，通过数据指导健康的生活。智能手环如图2-19和图2-20所示。

图2-19　智能手环一　　　　　图2-20　智能手环二

（1）振动唤醒　智能手环内置振动组件，其功能就是通过振动唤醒睡眠中的用户，如果有重要事件则也可设置提醒。这种唤醒或者提醒方式相比于闹铃健康许多，因为研究表明被闹钟叫醒会使人产生心慌、心情低落等情绪，甚至影响人的记忆力、认知力和计算速度等。

（2）睡眠追踪　用户在睡前与醒来后分别按一下金属帽，睡眠数据包括睡眠的时间和质量就通过智能手环同步到手机或者计算机上。智能手环为用户详细记录了入睡时间、深度睡眠时间、浅度睡眠时间和清醒时间等信息，除此之外还有本周睡眠情况，并生成鲜明的彩色图。

（3）运动监测　智能手环最重要的功能就是运动监测，它可以把用户每天行走的步数准确地记录下来。用户可通过手机查看这些数据，包括当天运动的时间、空闲时间、运动路程、走路步数和能量消耗等情况。智能手环可根据年龄、性别、身高、体重以及活动的强度和时间来计算消耗的热量。

（4）膳食记录　合理控制膳食是健康生活的重要部分，智能手环不能进行食物辨识，但依靠强大的软件可以为用户提供一个非常完善的食物库。用户可以在食用时添加食物图片或者拍照记录所吃的食物并选择进食的量，随后软件将会计算所摄入食物包含的能量是多少，并最终通过时间和餐饮类型统计一天的能量摄取量。膳食记录可以为饮食提供一个基础的参考依据。

（5）心率测量　智能手环还有一项功能就是测量心率。将智能手环佩戴在手腕上，即可轻松地测量自己的心率。手环心率测量方式的准确性并不高，但随着技术的改进会越来越准确。

3. 智能手表

智能手表是具有信息处理能力符合手表基本技术要求的手表。除了指示时间之外，它还应具有提醒、导航、校准、监测、交互等一种或多种功能，其显示方式包括指针、数字、图像等，如图2-21和图2-22所示。

图2-21　智能手表一　　　　　　　　　　　图2-22　智能手表二

智能手表的分类及功能如下：

（1）成人智能手表　具有蓝牙同步手机打电话、收发短信、监测心率、久坐提醒、跑步记步、远程拍照、音乐播放、监测睡眠、录像和指南针等功能。

（2）老人智能手表　具有GPS定位、吃药提醒、亲情通话、紧急呼救、久坐提醒和心率监测等多项专为老年人定制的功能，为老人的出行提供了保护伞，防止老人走丢。

（3）儿童定位智能手表　具有双向通话、SOS求救、远程监听、多重定位、智能防丢、历史轨迹、电子围栏、计步器和爱心奖励等功能，可保障孩子安全。

2.5　智能家居控制设备

2.5.1　智能控制终端设备

智能家居的控制终端设备是完成智能家居控制功能的关键部分。下面以智能恒温系统、智能照明系统、智能家电系统、智能监控系统和智能安防系统为例，简单讲述智能控制终端设备。

1. 智能恒温系统中的控制终端设备

智能恒温系统中的控制终端设备包含中央控制器以及远程控制设备。中央控制器主要是专用智能控制终端，它的作用主要是收集系统中各个设备传递过来的数据，如获取用户家中的温度值、PM2.5值、湿度值，获取空调、地暖、加湿器、空气净化器、通风系统的状态，并对收集来的数据进行分析整理。如果家中有监控系统，可以通过家中的监控系统获知家中是否有人，如家中为无人状态，可以采用低功耗配置方案（低标准的温度、湿度、空气质量需求）；执行用户通过远程终端发来的控制命令；通过分析当前的温度决定是开启地暖系统还是空调系统；通过对当前家中湿度的统计，决定打开加湿器还是空调的除湿功能；通过空气质量检测器（PM2.5、PM10、二氧化碳等）的监测决定是否关闭通风系统而打开空气净化器。

远程控制设备主要以手机作为载体，通过APP软件实现远程控制。智能空调可以随时通过远程终端上的APP软件查询空调的运行状态，给空调设置不同的运行模式和温度，自动清除室内PM2.5，同时定期自动发送电量报告，达到节能低碳的效果。在夜间睡眠前，用户可以选择夜间睡眠模式，系统会智能匹配睡眠曲线，用户也可自动编辑睡眠曲线，按个人入睡时间及睡眠习惯智能控温，从24℃的凉爽温度到27℃的入睡温度，空调通过温度自动调节，可使用户进入良好的睡眠状态。

2. 智能照明系统中的控制终端设备

智能照明系统中的控制终端设备有中央控制器、智能触控面板和远程控制设备等。

中央控制器是专用智能控制终端，通过红外线控制灯的亮度、开关灯的渐变时间，查询工作状态，自动关闭照明系统，达到节能减排的目的。

通过智能控制面板可手动触摸滑动调节亮度、无级调节亮度。它具有对LED/白炽灯进行0%~100%亮度调节、定时关机等功能，同时支持状态实时反馈，LED多种亮度/颜色配置。

远程控制设备主要是手机，通过手机APP连接智能LED，支持远程Wi-Fi/ZigBee控制亮度和颜色，远程状态反馈，以及定时设置（开启/关闭）等功能。

3. 智能家电系统中的控制终端设备

智能家电系统中的控制终端设备包含中央控制器、智能插座、遥控器、协议/信号转换器等。

中央控制器是专用智能控制终端，收集各类传递过来的数据：收集智能插座的反馈信息，收集电冰箱的状态以及电冰箱反馈的信息，获取洗衣机的工作状态，获取电热水器的状态。根据收集的数据选定方案,通过记录用户的生活习惯,智能配置电器的工作方式。

智能插座接收到信号后会自动接通或自动断电,同时还具有防雷电、防高压、防过载、防漏电的功能。

遥控器是智能控制终端的辅助设备。遥控器可以集成部分中央控制器的功能完成简单的控制命令,如打开/关闭电视机/灯等,使用户能够更加便捷地操控家电系统。

协议/信号转换器实现各设备的互通。如非智能电视机、空调采用红外控制方式,信号转发器可以把RF/ZigBee信号转换成电视机、空调能够识别的红外线信号;不同家电设备间Wi-Fi到ZigBee协议的相互转换。

4. 智能监控系统中的控制终端设备

智能监控系统中的终端设备包含中央控制器、远程控制终端设备。

中央控制器收集系统中各个设备传递过来的数据:获取红外线传感器、摄像头、门窗磁感应器的数据。对收集来的数据进行分析整理:红外线感应器传递过来信息,控制器分析数据,确认检测到的是人还是动物,并判断是否应该发出警报;根据摄像头传来的图像信息,控制器可以对比已有记录的形体特征,分辨是家人还是陌生人;获取门磁感应器的数据,确认是否应该发出报警;获取访客信息,确认是否应该打开门。

远程控制终端通过安装在手机/便携设备/计算机上的配套的APP软件下载云端视频,随时监控家中的状态。

5. 智能安防系统中的控制终端设备

智能安防系统中的控制终端设备主要指中央控制器。

中央控制器定时获取传感器的信息,根据传感器的信息采取相应的操作。如有设备损坏,可以提出警示给用户;如发现有浓烟,会报警,同时打开通风系统;检测到有风雨报警,控制开窗器关闭窗户;检测到燃气浓度超过阈值,在报警的同时,控制关闭燃气阀并打开窗户;检测到家中漏水,在报警的同时打开排水系统。

2.5.2 智能家居机器人设备

智能机器人时代即将到来。据联合国一份调查显示,家用机器人数量将会急剧上涨,而且伴随着机器人的普及,其价格将会大幅下降。家用机器人可以分为以下种类。

1. 电器机器人

电器机器人是应用型机器人,它们是智能的家用电器,吸尘器机器人是这种机器人中的一个代表,如图2-23所示,其外形小巧,机载的超声波监视器能避免碰撞家具,红外线可避免跌下楼梯。除了吸尘器机器人,另一种家用电器机器人可用于家庭安防,其典型产品为索尼的AIBO机器狗（见图2-24）。消费者可以通过PC或手机与这类机器人连接，通过互联网控制这些机器人执行家庭保卫任务。

图2-23 吸尘机器人

图2-24 AIBO机器狗

2. 娱乐机器人

娱乐机器人也属于家用机器人，可用于家庭娱乐。消费者可以通过PC或手机与这类机器人连接，通过互联网控制这些机器人进行表演。娱乐机器人可以为用户解除精神上的疲惫。日本是世界上第一台类人娱乐机器人的生产国。2000年，本田公司推出了ASIMO（见图2-25），这是世界上第一台可遥控、用两条腿行走的机器人。2003年，索尼公司推出的ORIO已经可以漫步、跳舞，甚至可以指挥小型乐队，如图2-26所示。

图2-25 ASIMO机器人

图2-26 娱乐机器人

3. 厨师机器人

厨师机器人其实就是一台烹调机器。在上海世博会展出的一种厨师机器人，头戴厨师帽，名叫"爱可"。如图2-27所示，爱可高2m，宽1.8m，外形类似电冰箱，拉开"爱可"的拉门，里面有多种烹调设备，有锅，有自动喷油、喷水和搅拌设备，与之相连接的是一个智能化触摸屏，上面是控制界面，根据事先设定好的特级厨师菜谱，"爱可"可以独立烹调

24道中华美食。

Motoman SDA5机器人是全能的机器人大厨，有着惊人的厨艺，由日本安川电机制造。它能够模仿人类完成一系列动作：烹饪、烤油酥糕点，甚至卷出完美的寿司，如图2-28所示。

图2-27　爱可机器人

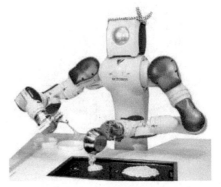

图2-28　Motoman SDA5机器人

4．搬运机器人

搬运机器人属于一种用于搬运重物的家用机器人。在上海世博会展出的一个身高2.7m、运动半径为4.68m的机器人，能够轻易地将1辆小型汽车举起。机器人Nao（见图2-29）是由法国人研制的一种机器人，是产品化程度最高的一款家庭机器人。身高58cm、重不到5kg的机器人Nao代表了机器人民用模式的方向。其中央处理器位于其脑部，脸上布满了各种传感器。它的脑门上有一个触摸传感器，眼睛能够发射红外线，耳朵实际上是个扬声器。因为它可以完全程序化，自由度高达25级，可以做出各种复杂的动作，可以手抓物体、处理影像、用声纳系统侦测周遭的环境，还具备多媒体功能，包括扬音器、麦克风和数字照相机等。图2-30所示为AGV（Automated Guided Vehicle）机器人，它是一款主要用于自动物流的搬运机器人，可以通过特殊地标导航，如磁条引导、激光引导、RFID引导等，自动将物品运送到指定位置。

图2-29　Nao机器人

图2-30　AGV机器人

5. 不动机器人

不动机器人安装在家中的固定位置，使用嵌入式软件进行操作，利用传感器感知，通过网络进行交流，可以嵌入到智能家电中。韩国的三星、LG公司已经开始销售可上网的电冰箱，当电冰箱里的储备变低时，它可以自动向食品零售店发去订单。

6. 移动助理机器人

这类机器人品种很多，Accentur技术实验室开发了一种个人助理机器人，可以帮助记忆陌生人。当用户向某人问好时，这个助理机器人可以通过语音识别、小麦克风和摄像头等设备把对方的名字、低分辨率的照片存储到地址簿里。当再遇到这个人时，助理会小声地告诉用户他的名字，如图2-31和图2-32所示。

图2-31　个人助理机器人1　　　　　　图2-32　个人助理机器人2

7. 类人机器人

类人机器人是孩子们和科技迷梦寐以求的东西，科学家和艺术家也在这方面不断努力，试图给机器人一个人的外形，但类人机器人是开发难度最高的机器人之一，它涉及人的表情和反应。

类人机器人可以用于娱乐和服务。通过开发更智能的软件，使机器人能和人交流并具备学习能力。从某种角度说，类人机器人的研发是真正考验人类智慧的行为。

2.6　本章小结

本章主要介绍了智能家居中的传感器的基础知识，包含传感器的概念、分类和典型的传感器；智能家居中的硬件设备，包含硬件设备的概念、分类以及典型的硬件设备；智能穿戴设备；最后介绍了智能控制设备，包含智能家居网关、终端控制设备以及智能家居机器人。

思考题

1）简述什么是传感器。

2）简述传感器的分类。

3）简述门磁的工作原理。

4）举例说明智能穿戴设备有哪些。

5）简述智能家居网关的功能。

6）根据自己的理解收集资料，说一说智能家居机器人的应用前景。

实训2 智能家居应用系统传感器数据采集

1．实训目的

1）了解智能家居传感器。

2）了解智能家居网络搭建。

2．实训设备

实训箱或智能家居实训套件、PC1台、无线节点1个、传感器（温湿度传感器）1个，相应配套软件1套。

3．关键知识点

1）传感器的基本概念。

2）网络搭建。

4．实训内容

利用无线节点，连接温湿度传感器，通过改变周围环境，观察温湿度传感器采集信息的变化。

5．实训总结

通过本实训对智能家居的硬件有一定的认识，对传感器、无线节点以及环境感知、数据传输、智能控制等有初步认识。

第3章
CHAPTER 3

智能家居通信与组网技术

　　智能家居的通信技术负责智能家居间的通信与交互，也就是把智能家居的各类硬件通过网络连接起来，形成一个联通的网络系统。通过这个网络，可以实现智能家居系统中各类信息的传输，进而根据智能家居的应用要求，实现对智能家居的控制。智能家居涉及的各类通信及组网技术主要分为有线和无线两种方式。这两类技术各有优缺点，可以互相补充。目前无线通信及组网协议种类较多，且由于智能家居的标准未定，各类新的协议也在不断出现，各种协议并存使用的现象预计会长期存在。本章主要介绍智能家居的通信与组网技术，包括有线通信技术、无线通信技术和互联网接入与远程控制技术。

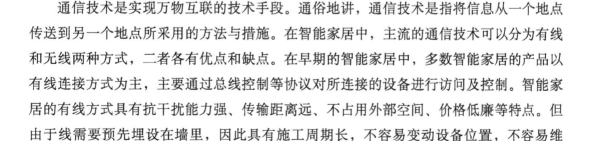

3.1 通信技术概述

　　通信技术是实现万物互联的技术手段。通俗地讲，通信技术是指将信息从一个地点传送到另一个地点所采用的方法与措施。在智能家居中，主流的通信技术可以分为有线和无线两种方式，二者各有优点和缺点。在早期的智能家居中，多数智能家居的产品以有线连接方式为主，主要通过总线控制等协议对所连接的设备进行访问及控制。智能家居的有线方式具有抗干扰能力强、传输距离远、不占用外部空间、价格低廉等特点。但由于线需要预先埋设在墙里，因此具有施工周期长，不容易变动设备位置，不容易维护、维修等缺点。

　　随着无线通信技术的成熟与发展，现在的智能家居采用无线的方式居多。采用无线方式具有组装调试方便、移动灵活、不需要复杂的网络布线等优点。此外，有些无线技术还可以实现多个无线设备的自动组网，组网设备扩展性强，具有低功耗、低成本、维修服务方便和绿色环保等优点。不过无线通信也具有通信距离短、容易受到共用信道其他通信设备的干扰等缺点，这些都需要随着无线通信技术的不断发展来解决。

3.1.1 有线通信技术概述

早期智能家居的有线通信技术并非独立发展的，大多是从工业控制转变而来，在智能家居中进行新的应用。采用有线通信的控制方式有许多优点，比如安全稳定、通信和控制受环境的干扰小、数据传输速率较快等。但同时它也有许多缺点，比如方案整体设计要求高，线路敷设工程费用高、周期长，智能家居控制系统一旦建立，后期拓展和改动比较困难，灵活性差。总体而言，有线通信的方式在智能家居发展初期使用较多，但未来的发展趋势是无线网络逐渐增多，有线通信技术和无线通信技术以互补的方式并存于智能家居系统中。

尽管有线通信的方式和种类很多，但大致可以分为现场总线控制系统FCS（Fieldbus Control System）和电力载波通信技术PLC（Power Line Communication）。现场总线控制系统在智能家居中可以构建一个开放的网络系统，具有可互操作性的网络将现场各控制器及家电设备互联起来。它是一种全分布式智能控制网络技术，连接到网络上的设备具有双向通信能力以及互操作性和互换性，并且控制部件可以编程。这种方式将控制功能放到了现场，从而降低了安装成本和维护费用。所以说，现场总线控制系统实质是一种开放的、具有可互操作性的、分散的分布式控制系统，在智能家居领域占有一席之地。在智能家居领域常用的现场总线控制方式主要有RS-485、LonWorks、KNX、CAN、ModBus、CEBus、C-Bus和SCS-BUS等。

智能家居电力载波技术是利用配电网中的电力线作为传输的载体，实现数据传递和信息交换的一种技术。由于在智能家居环境中，智能家电需要输电线路进行供电，因此使用该技术可以利用已经敷设的供电线路，利用家庭现有电力线进行高速数据传输的通信即可。该方式具有无辐射、无须重新布线、节能环保、简单易用等特点。其对于家电的改造也非常简单，在原有家电中嵌入电力线载波通信模块，就可以实现联网通信。目前，已经研发了大量基于电力线载波通信技术的电容触摸开关、调光控制器、载波适配器、智能漏电断路器、人体红外感应器、电源控制模块、单项智能网关等终端产品以及包括联网和控制在内的整套智能家居解决方案。其中，X-10，PLC-BUS是专门针对智能家居行业开发的电力载波通信技术。表3-1列出了一些典型的智能家居通信技术的基本情况。

表3-1 智能家居通信技术参数比较

特性　　　　　　种类	电力载波类	无线类	总线类
典型技术	X10、PLC、OFDM	Wi-Fi、蓝牙、ZigBee	CEBus、LonWorks、ELB
是否需要重新布线	不需要	不需要	需要
典型配置价格	1万元以内	1万元以内	4万~10万元
是否为国际标准协议	是	不是	不是
安装周期	几个小时	几个小时	几天到一个月不等
设备方便性	方便	方便	需专业人员配置
兼容性	比较好	易受无线信号干扰	比较好
是否可按需选配	随意选配	随意选配	可选配空间较小
是否便于升级	即插即升级	比较容易	很难
健康性	是	轻微辐射	是
是否适合大众消费	是	是	不是
可实现功能强弱	较强	较弱	较强

3.1.2　无线通信技术概述

　　智能家居中的无线通信技术主要包括无线电通信、红外通信和光通信等形式。其中无线电通信应用最为广泛，它利用电磁波信号在自由空间传播的特性进行信息交换。无线通信相对于有线通信而言，一般不需要通信的有线介质。无线通信采用数字化通信技术，也就是一种用数字信号0和1进行数字编码传输信息的通信方式。该方式通常由用户设备、编码和解码、调制和解调、加密和解密、传输和交换设备等组成。当无线信号在空中传播时，无线信号的强度会随着传播距离的增加而衰减。此外，有用的无线信号还会受到环境噪声和其他同频段信号的干扰。为保证无线通信的质量，解决时空可变造成的不稳定性等问题，无线通信一般需要设计复杂的数字调制解调技术。

　　智能家居中的智能设备要实现无线通信，需要首先建立无线通信网络。无线通信网络指利用具体的某一种无线通信技术、通信设备、通信标准和协议等构建组成的一种通信网络。在该网络中使用该网络通信协议的设备能够接入网络，并依赖该网络实现相互通信。在构建的无线通信网络中，多数通信设备镶嵌在固定的智能家电中，采用无线固定通信方式，也有的采用移动通信方式，如使用移动终端（如智能手机、遥控器等）采用无线移动通信方式。

按智能家居无线通信的距离进行划分，一般智能家居采用短距离的通信方式，通信距离一般为几厘米到几百米以内，如蓝牙技术、ZigBee、Z-Wave、UWB、Wi-Fi、LiFi、NFC通信技术、红外通信技术、RFID通信技术等。有些智能家居需要采用远程"永远在线"控制的方式，如远程抄表，可以采用远距离的无线控制方式，能实现几十千米以内的通信，如3G、4G、5G、NB-IOT等。在智能家居的无线通信协议中有些具有自己组网的能力，能够自动将部署的无线设备组成无线网络，如ZigBee、蓝牙、Z-Wave等。

3.2 有线通信技术

3.2.1 现场总线技术

现场总线技术发展于20世纪80年代，最早应用于工业控制领域，利用该技术可以建立实时的控制网络。通过该网络可以连接最底层的现场控制器和智能设备，在网线上传输如检测信息、状态信息、控制信息等，尽管传输速率低，但实时性高。在现场总线网络中，可以采用总线型、星形和环形等网络拓扑结构。由于各控制器节点分散到现场最底层，构成一种易于扩展和控制的分布式控制体系结构。

在智能家居应用中，通过现场总线组成的网络实现对智能家居设备如照明、家用电器及安防报警等的联网以及信号传输时，由于采用的是分布式的现场控制技术，智能家居的控制功能模块只要就近接入总线即可。各个控制功能模块一旦接入到现场总线网络中，就具有了双向高速通信和控制能力，成为现场总线网络的一部分，具有互操作性和互换性，其控制部件可以编程，所以应用扩展和布线都比较方便。典型的总线技术可以采用双绞线总线结构，挂接在网络上的设备节点可以从总线上获得供电（DC24V），这样通过同一总线可以实现节点间无极性、无拓扑逻辑限制的互联和通信。

在智能家居系统中，稳定性、可靠性和可扩展性是非常重要的性能指标，现场总线系统相比无线通信，具有稳定、可靠的绝对优势，特别对于类似别墅、大面积的住宅应用和商业环境，现场总线系统是不错的选择。目前已开发出的现场总线技术标准种类繁多，这里主要选择在智能家居领域具有典型性的几种，如RS-485、LonWorks、KNX、CAN、ModBus、CEBus、C-Bus、SCS-BUS等总线进行介绍。

1. RS-485

从严格意义上讲，RS-485并不是一个完整的总线技术标准，因为该标准仅定义了物理层和链路层的通信标准，所以说是比较初级和原始的总线架构。但RS-485总线技术简单，设计容易，实现方便，成本及维护费用较低，因此应用非常广泛。

RS-485一般采用串行总线标准，市场上多数RS-485产品采用半双工工作方式，因此只能有一点处于发送状态，发送电路必须由使能信号加以控制。RS-485采用平衡发送和差分接收技术，因此具有抑制共模干扰的能力。RS-485在多点互联时非常方便，联网后构成分布式系统。总线上连接的节点数目有限，使用标准485收发器时单条通道所允许的最多节点数为32个，传输距离在几十米到几千米之间（采用无中继的低通信速率能够达到千米以上），传输速率为300～9600bit/s之间。图3-1所示为RS-485总线的拓扑图。

RS-485采用单主从结构，一般一条总线上只能有一台主机（主节点），该主节点负责采用轮询方式查询各个节点。所有的通信都必须由它发起，它没有下命令，网络中的节点不能随便发送数据。而且只有当主机收到答复后，主机才向下一个节点发出询问，以防止多个节点同时通过总线发送数据，造成通信的混乱。

由于RS-485仅规定了物理层的电气连接规范，因此每家使用该技术的公司都需要自行定义自己产品的通信协议。这样也造成了尽管市场上RS-485的产品很多，但相互直接连接通信的能力较差。此外，RS-485总线还存在抗干扰能力差、传输可靠性差、系统稳定性不理想等问题，因此不适于构建大中型控制网络系统。

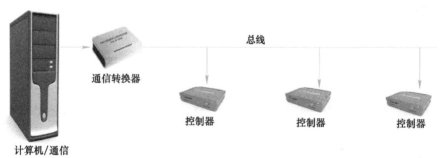

图3-1　智能家居RS-485总线拓扑图

2. LonWorks

LonWorks（LON Local Operating System，局部操作系统）由美国Echelon公司于1991年推出，并由Motorola、Toshiba公司共同倡导。LonWorks是目前国际上最主流的通用标准之一，同时符合国际标准和中国国家标准，全球有超过5000家公司生产能够互联互通的相关产品。

LonWorks采用ISO/OSI模型的全部7层通信协议，并采用面向对象的设计方法，可以采用可视化的LonMarker编程，将通信网络变量的设计简化为参数设置。该现场总线技术支持双绞线、同轴电缆、光缆和红外线等通信介质，通信速率为300bit/s～1.5Mbit/s，最大通信距离可达2700m，最多可以连接32 385台设备。LonWorks介质访问方式为P-P CSMA（预测P-坚持载波监听多路复用），采用网络逻辑地址寻址方式和优先权机制，保证了通信的实时性，安全机制采用证实方式。

在每个LonWorks产品中都有一个Neuron（神经元）的核心芯片引擎，利用该Neuron神经元芯片的先进设计，使得LonWorks系统具有更高的稳定性、可靠性及抗干扰能力，并简化了构建测控系统的难度。该Neuron神经元芯片实质为网络型微控制器，其强大的网络通信处理功能配以面向对象的网络通信方式，大大降低了开发人员在构造应用网络通信方面所花费的时间和费用，从而可将精力集中在其所擅长的应用层，进行控制策略的编制。由于LonWorks采用无中央主机的控制技术，因此不会发生死机的情况。当网络中单一模块出现故障时，不会影响其他模块的运行。

LonWorks具有很好的系统扩展能力，由它构建的每个监控子网均可包括64个LON节点设备，为大量智能家居设备的接入提供了便利。其缺点在于处理大量数据时的实时性有待提高。此外，LonWorks依赖于Neuron神经元芯片，其完全开放性值得期待。由于LonWorks价格较高，其光电开关的体积太大，目前主要应用在高端智能家居领域。

3. KNX

KNX（Konnex）是智能家居和楼宇控制领域唯一的开放式国际标准，由欧洲三大总线协议EIB、BatiBus和EHSA合并成立的Konnex协会在1999年5月提出。其中EIB为欧洲安装总线（EIB-European Installing Bus），是一个在欧洲占主导地位的楼宇自动化（Building Automation, BA）和家庭自动化（Home Automation, HA）总线标准。EIB网络是一个完全对等的网络，所有接入网络的设备都具有相同的地位。它最早由Siemens和ABB等一些知名企业提出。

KNX协议以EIB为基础，兼顾了BatiBus和EHSA的物理层规范，并吸收了BatiBus和EHSA中的配置模式。通过KNX总线系统，可以对智能家居和楼宇的照明系统、窗帘系统、安防系统、能源管理系统、供暖、通风、空调系统、楼宇监控系统、远程控制系统、大型视频/音频控制系统等进行统一可靠的连接与控制。

KNX可使用多种通信介质组网，如双绞线、电力线和无线通信等。KNX协会拥有庞大的组织，该协议保证不同性能、不同厂家生产的产品可以实现互操作，而且通过了严格的质量控制和第三方的KNX认证，保证了产品质量。KNX标准已被批准为欧洲标准（CENELEC EN 50090 & CEN EN 13321-1）、国际标准（ISO/IEC 14543-3）、美国标准（ANSI/ASHRAE 135），在2007年被批准为中国标准（GB/Z 20965-2007），成为国家标准化的指导性技术文件。KNX总线也为节约能源和气候保护做出了重大贡献，但KNX总线的成本较高，适合高档智能家居应用领域。智能家居KNX结构示意图如图3-2所示。

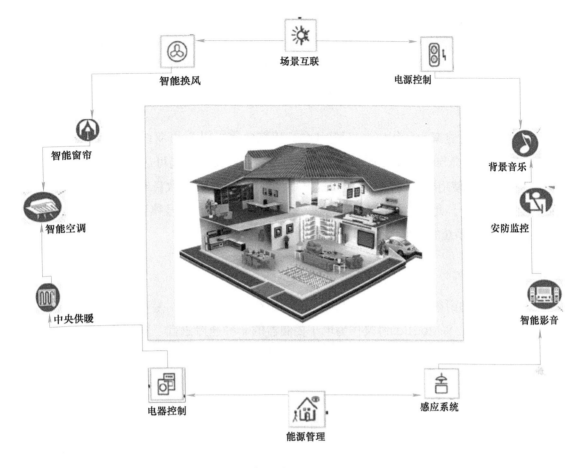

图3-2 智能家居KNX结构示意图

4．CAN

CAN（Controller Area Network）总线最早是由德国BOSCH公司从20世纪80年代初为解决现代汽车中众多的控制与测试仪器之间的数据交换问题而开发的一种串行数据通信协议，由于其高性能、高可靠性、实时性等优点，后被应用于智能家居系统中。1993年11月，ISO正式颁布CAN总线国际标准。

CAN总线是一种支持分布式控制和实时控制的对等式现场总线网络，使用差分电压传输方式。CAN总线废除了传统的站地址编码方式，采用通信数据块进行编码，并且其通信报文采用短帧结构，数据出错率极低。CAN总线采用多主从结构，每个节点都有CAN控制器，当多个节点都发送数据时，总线根据数据的ID号进行自动仲裁，避免数据混乱。当总线上的节点需要发送数据时，一旦探测到总线空闲，不用向主机询问，立即可以发送，这样可以提高总线利用效率，增强实时响应性。

CAN总线采用CRC检验并可提供可靠的错误处理功能，保证数据通信的可靠性。CAN总线采用CAN控制器，可以对总线出现的错误进行检测，如果检测到自身错误或者是其他节点的错误，会向总线发送错误帧警告提醒。CAN还具有错误保护机制，一旦某个节点发生故障，比如自身错误超过128个，就自动进行闭锁，从总线脱离，从而保护总线不会因为一个节点坏掉而导致整个总线网络瘫痪，因此CAN总线的安全性高。CAN总线还具有完善的通信协议，由CAN控制器芯片及其接口芯片具体实现，系统的开发难度低，开发周期短。

CAN的传输速率为5kbit/s～1Mbit/s，传输介质可以采用双绞线或者光纤等。当CAN使用低速（5kbit/s）通信时，任意两个节点之间的传输距离可达10km，具有较高的性能价格比。在使用标准CAN收发器时，总线可以连接的节点数目有限，单条通道的最多节点数为110个。此外，CAN总线不能连接成为树状总线，信号线要像有线电视一样连接，一般作为大系统的分支连线。

5．ModBus

ModBus由施耐德电气公司旗下品牌Modicon在1979年发明，是全球第一个用于工业现场的总线协议。将ModBus协议作为电子控制器的一种通用语言，通过此协议，不同厂商生产的控制设备可以连接在一个网络中，实现相互通信并进行集中监控。ModBus协议标准可以开放免费使用，并可以在各种介质上使用，如双绞线、光纤、甚至无线等。ModBus协议简单、紧凑、通俗易懂，用户使用和开发相对容易。

ModBus协议采用主从结构，因此主节点需要以循环的方式询问每个节点设备，并查找数据的变化，除非构建在以太网的TCP/IP上，各个设备本身无法报告自身异常，这样对于带宽消耗大，并且节点实时响应的时间长。此外，由于ModBus在一个数据链路上只能处理247个地址，限制了连接到主控站点的设备数量。

6．CEBus

CEBus（Consumer Electronic Bus）是专为家用电子产品进行通信而制定的协议标准。它由美国电子产业协会（Electronic Industry Association，EIA）联合其他厂商制定，是1992年发布的用于替代X-10标准的家庭自动化控制标准。CEBus的EIA-600在1997年正式成为美国ANSI标准。

CEBus目标在于建立一套针对家用电子产品的、通用的、廉价的、与制造厂家无关、开放性的协议标准。CEBus采用简化的OSI模型，分为物理层、数据链路层、网络层和应用层。其物理层可以使用多种不同的传输媒介，包括双绞线、同轴电缆、电力线等，以满足不同应用场合的需要。

CEBus利用扩频技术的载波通信能有效提高系统性能，具有很强的抗干扰能力和保密性。该网络采用完全面向报文的分组（packet），并使用载波侦听多路访问和冲突检测协议（Carrier Sense Multiple Access，CSMA）机制，有效地避免了数据发送冲突和混乱。此外，CEBus采用公共应用语言CAL，从而实现了设备之间的互相访问，可实时掌握总线上设备的所有资源、工作状态，进而更好地控制这些总线设备。

7. C-Bus

C-Bus由澳大利亚奇胜公司开发（后被施耐德收购），是一个典型的基于计算机总线控制技术、面向智能建筑需求的系统化控制产品。C-Bus以非屏蔽双绞线作为总线载体，用于智能家居照明、空调、火灾探测、出入口监控、安防、能量监控等综合智能家居监控系统。目前C-Bus系统被广泛应用于澳大利亚、新西兰、英国、马来西亚、新加坡、南非、中国等国家。

C-Bus组成一个分布式、总线型的智能控制系统。该系统具有灵活的结构，其控制核心是主控制器。主控制器运行控制程序，保证连接在总线上的设备模块间的总线通信，并通过控制总线采集各输入单元信息，根据预先编制的程序控制所有输出模块。各设备模块的输入和输出都自带微处理器，通过总线互联，而且各设备可以按照需求进行灵活编程，以适应任何使用场合，因此不用改变任何硬件连线就可以方便地调整控制程序。

需要说明的是，主控制器在编程时与编程计算机进行连接，通过专门的编程软件进行编程，一旦程序测试结束并下载到主控制器后，编程计算机仅作为监视用，整个C-Bus的运行完全不需要计算机的干预，而由主控制器掌控。C-Bus总线上为每个设备组件提供36V直流电源，并加载了控制信号，使得控制回路与负载分离，即使开关面板意外漏电，也能确保人身安全。此外，值得一提的是，由于C-Bus系统中每个设备的输入输出单元里都预存着系统状态和控制指令，因此当它遇到断电情况后再恢复供电时，系统会根据预先设定的状态重新恢复工作，无需有人值守。

8. SCS-BUS

SCS-BUS是基于护套双绞线，耐压300V/500V、由BTICINO公司独创的自主双总线系统。SCS-BUS遵循OSI开放式系统互联参考模型，提供了OSI模型所定义的全部七层服务。其传输控制协议采用CSMA/CA（载波侦听/碰撞避免）。SCS-BUS双绞线自由拓扑结构成本较低，双绞线物理段可长达2000m。

3.2.2 电力载波通信技术

电力载波通信技术（PLC，Power Line Communication）是指利用现有家居电力供电线路，通过载波方式对模拟或数字信号进行高速传输的技术。使用PLC技术，不需要重新布线，具有可靠性高、成本低的特点，可以用于智能家居、智能小区、自动抄表系统、监控及监测系统、集群式防盗报警系统、故障检测、控制系统和一些专网应用等。

电力载波通信可以算作是一种总线通信技术，只是它利用原有的电力线作为通信介质，不需要敷设专门的总线线路。电力载波通信在国外智能家居领域的应用时间较长，但由于传统的电力载波存在许多弱点，如受到电力线自身的干扰较大，通信质量有待提高，传输速率低等，制约了它在智能家居行业的应用与推广。

但电力载波通信技术本身也在不断发展，比如采用最新的OFDM（Orthogonal Frequency Division Multiplexing，正交频分复用）调制技术的载波通信，通信速率能够达到100kbit/s以上，特别是电力载波通信技术不用专门布线，而智能家电都必须依赖电力线供电。电力载波通信技术在传输距离、电磁辐射、穿墙能力、通信数据安全等方面，都有优于无线通信技术的地方。可以相信，随着电力载波通信技术的进一步成熟，它在智能家居领域将有广阔的应用前景。下面主要针对智能家居行业制定的X-10、PLC-BUS加以介绍。

1. X 10

X 10是一种国际上通用的智能家居电力载波协议。X 10有着古老的历史，最早由总部设在苏格兰的Pico电子工程公司在20世纪70年代开发。据说X 10协议在工程师经历9次失败后，在第10次获得突破性进展，故此得名。

X 10以50Hz或60Hz电力为载波，以120kHz的脉冲为调变波（Modulating Wave），在交流电的过零点处对信号进行调制，减少了信号干扰，是一种较稳定的电力载波通信技术。其系统一般由发射模块和接收模块组成，各组件可设定不同的地址码予以示区别。X 10有256个不同的地址，因此被控制的电器最多为256路。当需要多个器件响应同一个指令时，只需要将它们设为同一个地址。X 10价格低廉、设置简单，在使用时将控制组件插入室内不同的电源插座，家庭其他系统内的设备就可以执行控制指令，很方便地构建一个简单的智能家居系统。

X 10也是一个开放的、国际家居自动化标准系统，不需要主机或中心总控制台等的集中控制。通过添加智能家居元件，如遥控器、场景开关控制器、可编程序定时控制器、手机、电话、计算机、传感器等，可以非常容易地扩展控制功能，轻松控制智能家居中的如窗帘、空调、热水器、电视机、音响、门锁、门等。X 10还能轻松实现各类智能家电交叉控制，实现一控多、多控一、遥控、集中控制、远程控制、定时控制等各种复杂的控制方式。

X 10在国外应用较多。有资料统计，有35%的美国家庭使用过X 10智能家居产品，仅在美国就已经售出超过一亿只模块，成为国外智能家居耀眼的明星。但国外成熟的电力载波技术X 10（包括PLC-BUS）在我国推广并不太好，其主要原因可能是我国电网波动较大，信号干扰强，谐波较多，脉冲干扰信号和时变特性突出，导致了X 10等直接应用在国内电力通信环境中会导致通信速率和通信可靠性变差等问题。此外，X 10响应速度较慢，不太适合对响应速度要求较高的应用场合。

2. PLC-BUS

PLC-BUS由位于荷兰阿姆斯特丹的ATS电力线通信有限公司研发，它重新定义了家庭内部高可靠性、低成本智能灯光控制的新标准，并拥有多项X 10所不能比拟的优势，在欧洲家居领域的市场上占有率较高。与X 10相比，PLC-BUS信号传输速度更快，是X 10技术的20~40倍。较高的数据传输速度可以实现快速控制。PLC-BUS的每条指令从发射到执行平均大约在0.1s之内，对于大系统的高速信号传输控制非常合适。

尤其可贵的是，一般的X 10技术及无线射频技术仅具有单向通信功能，而PLC-BUS采用双向通信，接收器同时具有接收功能和发射功能。当控制信号发送成功后，接收设备会在收到控制信号后，将设备控制后的实际状态立即反馈给发射器，实现更加细化和可靠的控制。

传统X 10只能连接上限为256路的不同设备，而PLC-BUS系统可以分配多达64 000个地址码。PLC-BUS可靠性也更高，在荷兰的一次典型住宅的测试中，在没有加装滤波器设备的条件下，其可靠性高达99.95%，而X 10产品的可靠性大约可以达到80%。

此外，X 10在国内电力环境中较理想的传输距离大约为200m，而PLC-BUS信号较理想的传输距离可达2000m。当然，由于PLC-BUS微处理器采用双向收发组件，其成本比X 10接收组件或发射组件要高。

3.3 短距离无线通信技术

智能家居中的短距离无线通信技术主要有蓝牙技术、Wi-Fi技术、ZigBee技术和Thread技术。这几项技术各有千秋，具有不同的历史发展基础，并且在智能家居和物联网领域一直在发展，不断推出适合物联网和智能家居应用的新的低功耗、高性能的协议版本。未来的发展趋势，仍然是群雄争霸，竞合有序。考虑到智能家居多样性混合网络的需求，相信在很长的一段时间内，仍然是群芳争艳，各自发挥各自的优势，并进一步融合发展。表3-2简单对比了几项典型短距离通信技术的情况。

表3-2 几项典型短距离通信技术的情况

特性 种类	工作频段	传输速率	最大功耗	特点	链接数倍数	安全性	主要用途
ZigBee	2.4GHz	0.25Mbit/s	1~3mW	点到多点	65 536	中等	家庭网络、控制网络、传感器网络
红外	820nm	16Mbit/s	几毫瓦	点到点	2	高	近距离可见传输、智能家居
HomeRF	2.4GHz	2Mbit/s	100mW	点到多点	127	高	家庭无线局域网
蓝牙	2.4GHz	732.2kbit/s	1~100mW	点到多点	7	高	个人网络、智能家居
Wi-Fi	2.4GHz	54Mbit/s	10~500mW	点到多点	256	中等	家庭、商用局域网

3.3.1 蓝牙技术

1. 蓝牙技术简介

蓝牙（Bluetooth）是一种低成本、低功率、短距离无线连接技术标准，在1994年由爱立信公司率先提出。1998年5月，世界知名企业如爱立信（Ericsson）、诺基亚（Nokia）、东芝（Toshiba）、国际商用机器公司（IBM）和英特尔（Intel）成立蓝牙特别兴趣小组，共同推出蓝牙计划。该计划得到包括摩托罗拉、朗讯、康柏、西门子、高通、3COM、TDK等大公司在内的许多厂商的支持和采纳。1999年底，包括手机、电话机和便携式计算机等蓝牙技术的产品进入市场，并获得应用推广。

蓝牙技术联盟（Bluetooth Special Interest Group）协会于1999年成立，作为代表蓝牙技术的官方组织，推动蓝牙技术的发展。目前全球有超过3万家公司加盟该非营利机构。蓝牙技术联盟负责制定蓝牙标准，并推动该技术的普及和发展，同时也是蓝牙商标的所有者。蓝牙先后推出1.1、1.2、2.0、2.1、3.0、4.0、4.1、4.2和5.0等多个版本，最新的蓝牙5.0在2016年6月推出。

蓝牙技术旨在开发统一开放的短距离无线连接技术标准，即实现语音和数据无线传输的全球开放性标准。它采用跳频扩谱（Frequency Hopping Spread Spectrum，FHSS）、时分多址（Time Division Multiple Access，TDMA）、码分多址（Code Division Multiple Access，CDMA）等先进技术，使手机、笔记本式计算机、掌上计算机、打印机、数字照相机、家用电器等设备互联互通，在小范围内建立多种通信与信息系统之间的信息传输。在智能家居应用中，蓝牙技术可以低功耗地连接各种智能家电设备，尤其在移动设备中具有优势。尤其是蓝牙5.0针对智能家居做了新的设计，如提供基于Wi-Fi的精度小于1m的室内定位技术，拥有更远的传输距离等，这无疑会增加蓝牙技术在智能家居领域的竞争力。

2. 蓝牙技术特点

（1）工作频段　蓝牙技术使用免费的ISM（Industry Science Medicine）工业、科学和医用频段，工作频率为2.402～2.480GHz。使用这些频段无需申请使用许可证，只需要遵守一定的发射功率（一般低于1W），且不对其他频段造成干扰。2.4GHz频段在我国属于不需申请就可以免费使用的频段，国家对该频段内的无线收发设备在不同环境下的使用功率做了相应的限制，如在城市环境下，其发射功率不能超过100mW。

（2）通信距离与传输速率　蓝牙技术可以实现语音、视频和数据的传输。蓝牙的通信距离以及传输速率，一般与发射功率和不同版本有关。一般而言，蓝牙发射功率分为3个级别：1mW、2.5mW和100mW。当发射功率为1mW时，无线通信距离为10m，数据传输速率可达1Mbit/s。当发射功率为100mW时，蓝牙的通信距离可达100m，数据传输速率达10Mbit/s。最新的蓝牙5.0版，其传输范围达到300m时，传输速率为2Mbit/s。

（3）通信方式　蓝牙可以采用时分双工传输方案，使用一根天线，利用不同的时间间隔发送和接收信号，且在发送和接收信息中通过不断改变传输方向共用一个信道，实现全双工传输。

（4）跳频技术　蓝牙产品采用跳频技术，能够有效地减少同频干扰，提高通信的安全性。跳频速率为1600跳/s，在建链（包括寻呼和查询）时提高为3200跳/s。蓝牙通过快跳频和短分组技术减少同频干扰，保证传输的可靠性。

（5）支持电路交换和分组交换业务　蓝牙支持实时的同步定向连接，用于传送语音等实时性强的信息，同时支持非实时的异步不定向连接，用于数据包的传输。蓝牙支持1个异步数据通道或3个并发的同步话音通道，或同时传送异步数据和同步话音的通道。每个话音通道支持64kbit/s的同步话音；异步通道支持723.2kbit/s/57.6kbit/s的非对称双工通信或433.9kbit/s的对称全双工通信。

（6）支持自组网络、点对点及点对多点通信　蓝牙技术支持自组网络，但目前主要是星形网络，实现主从结构的一点对多点的通信。此外蓝牙还支持点到点的通信，未来会对网状网（Mesh网络）实现支持。

蓝牙的主要技术参数见表3-3。

表3-3　蓝牙的主要技术参数

工作频段	ISM频段，2.402～2.480GHz
双工方式	全双工，TDD时分双工
业务类型	支持电路交换和分组交换业务
数据传输速率	1～24 Mbit/s
非同步信道速率	非对称连接723.2kbit/s/57.6kbit/s，对称连接433.9kbit/s
同步信道速率	64kbit/s
功率	美国FCC要求<1mW，其他国家可扩展为100mW
跳频频率数	79个频点/1MHz
工作模式	PARK/HOLD/SNIFF
数据连接方式	面向连接业务SCO，无连接业务ACL
纠错方式	1/3 FEC，2/3标FEC，ARQ
鉴权	采用反应逻辑算术
信道加密	采用0位、40位、60位加密
语音编码方式	连续可变斜率调制CVSD
发射距离	10～300m

3. 各个版本情况

2001年到2016年的16年间，蓝牙共发布9个版本，见表3-4。近年来随着物联网和智能家居等应用的迅速发展以及短距离无线通信协议竞争的加剧，版本发布速度加快，重点适应物联网快速发展应用，以及低功耗方面的应用。表3-5为蓝牙5.0的主要特点。

表3-4 蓝牙历次版本的基本情况

发布时间	蓝牙版本	主要特点
2001年	蓝牙1.1	第一个正式商用的版本，传输速率为748~810kbit/s，易受同频产品干扰
2003年	蓝牙1.2	加入快速连接、自适应跳频等，解决了受干扰的问题。引入了流量控制和错误纠正机制，同步能力提高，实际传输速率约为24kbit/s
2004年	蓝牙2.0	1.2版本的改良提升版，实际传输速率提升到1.8~2.1Mbit/s，支持双工模式，加入"非跳跃窄频通道"
2007年	蓝牙2.1	改善了配对流程，采用简易安全配置。加入Sniff省电降低了功耗。相对于2.0版本主要提高了待机时间2倍以上，技术标准没有根本变化
2009年	蓝牙3.0	采用了全新的交替射频技术，加入了802.11协议适配层、电源管理，并取消了UMB应用，数据传输速率提高到了大约24Mbit/s，在传输速度上，蓝牙3.0是蓝牙2.0的8倍，有效覆盖范围扩大到10m
2010年	蓝牙4.0	设计低功耗物理层和链路层、AES加密等，在电池续航时间、节能和设备种类上有重要改进，低功耗为其重要特点，包括传统的蓝牙技术、高速蓝牙和新的蓝牙低功耗技术三个子规范。传输速率为24Mbit/s，有效覆盖范围扩大到100m
2013年	蓝牙4.1	针对LTE做了针对性的优化，如果与LTE同时传输数据，蓝牙4.1可以自动协调两者的传输信息，从而实现无缝协作，以确保协同传输，降低近带干扰
2014年	蓝牙4.2	数据传输速度提高了2.5倍，数据包的容量相当于此前的10倍左右，改善了数据传输速度和隐私保护程度，可通过IPV6和6LoWPAN接入互联网
2016年	蓝牙5.0	相比蓝牙4.2，速度提升2倍，距离远4倍，优化了IOT物联网底层功能

蓝牙1.1：2001年发布，传输速率为748~810kbit/s，因是早期设计，容易受到同频率之产品所干扰，影响通信质量。

蓝牙1.2：2003年发布，同样是748~810kbit/s的传输速率，加入改善抗干扰跳频功能，支持单声道。

蓝牙2.0：2004年发布，是蓝牙1.2版本的改良提升版，传输速率为1.8~2.1Mbit/s，开始支持双工模式，可以同时支持语音传输，同时可以支持传输档案及图片等，在能耗上有所降低，并支持立体声。

蓝牙2.1：2007年发布，和2.0版本属于同时代的产品，技术标准没有根本性变化，主要增加了Sniff省电功能，使得适配器与设备的联系时间延长到0.5s，相对2.0版本主要是待机时间提高了2倍以上。

蓝牙3.0：2009年发布，升级变化比较大并使用了新的协议，使得传输速率可以达到24Mbit/s，是蓝牙2.0的8倍，因此可以用于录像机至高清电视、PC至PMP、UMPC至打印机之间的资料传输等新应用。蓝牙3.0采用一种全新的交替射频技术"Generic Alternate MAC/PHY"（AMP），可以针对任一任务动态地选择正确射频，同时引入了增强电源控制，实际空闲功耗明显降低，但是总体功耗上没有明显提升。

蓝牙4.0：2010年发布，新版本在待机功耗的降低、高速连接的实现和峰值功率的降低三个方面做得非常有效，因此功耗大大降低，可以实现超低功耗。另外，该版本把蓝牙的传输距离提升到100m以上，比先前版本的10m有了较大提升。蓝牙4.0是Bluetooth从诞生至今唯一的一个综合协议规范，蓝牙4.0还提出了"低功耗蓝牙"、"传统蓝牙"和"高速蓝牙"三种子模式规范，将三种规格集于一体。

特别值得一提的是其低耗能蓝牙技术，该技术显然为物联网和智能穿戴设备的发展所定制，主要适用于以纽扣电池供电的小型无线产品及各类传感器，可以应用于医疗保健、运动与健身、安保及家庭娱乐等细化领域。低耗能蓝牙技术运行和待机功耗极低，从理论上讲，使用一粒纽扣电池可连续工作数年之久。

蓝牙4.1：蓝牙4.1在2013年发布，主要解决与LTE等最新一代蜂窝技术无缝协作问题，蓝牙可以与LTE等无线技术彼此通信，以确保协同传输，降低近带干扰，强化了智能穿戴设备数据传输能力问题，解决了智能穿戴设备上网不易的问题，新标准加入了专用通道，允许设备通过 IPV6 联机使用，并为未来IP连接协议奠定了基础。

蓝牙4.2：2014年发布蓝牙4.2，主要改善了数据传输速度和隐私保护。在速度方面，两个蓝牙设备之间的数据传输速率提升了约2.5倍，这得益于蓝牙智能（Bluetooth Smart）数据包容量的提高。该版本可容纳的数据量相当于此前标准的10倍左右。在隐私保护方面，在新标准下将蓝牙的控制权重新交给了消费者，如果未经蓝牙用户许可，比如用户使用了蓝牙技术的穿戴设备，则将无法连接和追踪用户的设备，极大地保护了蓝牙使用者的隐私和安全。尤为重要的是，蓝牙4.2扩展了蓝牙直接加入互联网的能力，不论是传感器节点还是蓝牙设备，都可以通IPV6和6LoWPAN接入互联网。

蓝牙5.0：2016年发布，比蓝牙4.2有全面的提升，见表3-5，在通信速度、通信距离和通信容量方面都有较大幅度的改善和提高。新版本的蓝牙传输速率上限为24Mbit/s，是之前4.2LE版本的2倍。另外一个重要改进是其有效距离是上一版本的4倍，理论上可以达到300m。蓝牙5.0结合Wi-Fi可以实现精度小于1m的室内定位，为基于Wi-Fi的室内导航应用打下了基础。该版本还针对物联网进行了很多底层优化，为智能家居应用提供了更低功耗、更高性能的服务。不过，本次版本，需要新的蓝牙5.0芯片，仅仅升级软件无法使用新的性能。大批蓝牙 5.0产品的面世和应用估计要到2017年底。

表3-5　蓝牙5.0的主要特点

主 要 特 点	详 细 介 绍
传输速度	传输速率上限为24Mbit/s，是之前版本的两倍
传输距离	有效距离是4.2LTE的4倍，有效工作距离可达300m
定位功能	可作为室内导航信标或类似定位设备使用，结合Wi-Fi可以实现精度小于1m的室内定位
物联网优化	针对物联网进行了很多底层优化，力求以更低的功耗和更高的性能为智能家居服务
升级特点	此前蓝牙版本更新只要求升级软件，但蓝牙5.0要求升级到新的芯片
传输功能	硬件厂商可以通过蓝牙5.0创建更复杂的连接系统，如Beacon或位置服务
功耗情况	大大降低了蓝牙的功耗

4. 蓝牙组网方式

蓝牙按特定方式可组成两种网络：微微网（Piconet）和散射网（Scatternet）。

1）微微网（Piconet）：通过蓝牙技术以特定方式连接起来的一种微型网络。在微微网中，所有设备的级别是相同的，具有相同的权限，采用自组式方式（Ad-hoc）组网。微微网由主设备（Master）单元（发起链接的设备）和从设备（Slave）单元构成，包含1个主设备单元和最多7个从设备单元。一个微微网可以只是两台设备相互连接组成的网络，也可以由8台设备连在一起组成网络。

蓝牙手机与蓝牙耳机的连接就是一个简单的微微网。在这个微微网中，智能手机作为主设备，蓝牙耳机充当从设备。一旦完成蓝牙网络连接，就可以使用蓝牙耳机了。此外，还可以在两部手机间利用蓝牙连接传输文件、照片等，进行无线数据传输。如图3-3所示，在微微网中，主设备为Master，从设备由S1～S7组成。

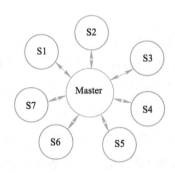

图3-3　蓝牙微微网组网方式示意图

2）散射网（Scatternet）：由于一个微微网中的节点设备数目最多为8个，为扩大网络范围，多个微微网可以互联在一起，构成蓝牙散射网。在散射网中，为防止各个微微网间的互相干扰，不同微微网间使用不同的跳频序列。所以，只要不同的微微网没有同时跳跃到同一频道上，各个微微网就可以同时占用2.4GHz频道传送数据，而不会造成相互干扰。

不同微微网之间的连接可以选择微微网中的一个Slave同时兼任桥（Bridge）节点来完成，也就是Slave/Slave（S/S）。当然，也可以选择微微网中的Master来担任它连接的另外一个微微网中的Slave节点，也就是Master/Slave（M/S）。这样，通过这些桥节点在不同时隙、不同的微微网之间的角色转换，即可实现微微网之间的信息传输及连接。

散射网是自组网（Ad-hoc Networks）的一种特例，其最大特点是无基站支持，每个移动终端的地位是平等的，并可独立进行分组转发决策。其建网的灵活性、多跳性、拓扑结构动态变化和分布式控制等特点是构建散射网的基础。

5. 智能家居主要应用及未来发展

蓝牙具有小规模、低成本、短距离连接等特点，在智能家居环境中能够有效地建立掌上计算机、笔记本式计算机和手机等移动通信终端设备之间的通信，尤其是可以利用手机的蓝牙连接控制智能家居中的家居设备。

尽管蓝牙技术的传输距离短、传输速率慢，但由于蓝牙技术能耗低，特别是低功耗蓝牙技术，主要应用于家庭医疗、健康传感器、智能穿戴设备、智能玩具等电源供给有限的设备，如血氧计、血压计、体温计、体重秤、血糖仪、心血管活动监控仪、便携式心电图仪等。

蓝牙5.0将传输距离扩大到了300m，并加入了室内定位和导航功能，未来对于推动智能家居的应用值得期待。但同时也要看到，目前蓝牙的组网能力有限，尤其要自组织未来家庭中的几百个智能设备传感器，还需要寄希望于蓝牙Mesh网络。在蓝牙5.0发布之后，蓝牙Mesh网络协议组在2016年11月公布了测试版本。

蓝牙Mesh在智能家居中具有一定优势，如低成本、超低功耗等。新的协议版本已经实现低发射功率和完备的休眠机制，实现了蓝牙的超低功率，待机功耗甚至到了微瓦级，并且启动快速。其扩大的通信距离，减少了覆盖盲区。在智能家居环境中，对于耗能不敏感的应用，其高达24Mbit/s的理论传输速率上限可以轻松传送图片甚至短视频。

IPV6和低功耗6LoWPAN的加入，使蓝牙节点具备了独立接入互联网的能力。尤其是，蓝牙定义了79个频道，在智能家居联网时有足够多的频道可以避免同频干扰，而Wi-Fi在2.4GHz只定义了14个频道，ZigBee包括2.4GHz的频道在内，加上868MHz和915MHz频道，总共有27个信道。

3.3.2　Wi-Fi技术

1. Wi-Fi技术简介

Wi-Fi（Wireless Fidelity）无线高保真通信技术，通常是指符合IEEE 802.11系列

标准的网络产品，主要为了将个人计算机、智能手机、智能移动终端、物联网设备等以无线方式互相连接起来，形成一种短距离无线局域网络技术。

现代生活越来越依赖互联网，而Wi-Fi技术正是利用其高速无线可靠连接功能，将局部区域的无线设备无缝连接起来，形成目前人类生活接入互联网虚拟网络世界最为简便和广泛的方式。预计到2018年，全球Wi-Fi热点将超过1050万个，现在越来越多的家用电器和电子产品开始支持Wi-Fi功能，尤其是Wi-Fi路由器，是连接无线局域网络与互联网的桥梁。将局域网中的各种带有网络功能的智能家居等与外部的Internet相连，构成智能化、多功能的现代家居智能系统，将成为新的发展趋势。

需要说明的是，Wi-Fi使用IEEE 802.11技术标准，传统的Wi-Fi网络工作在2.4GHz和5GHz频段。但实际Wi-Fi是无线网络通信技术的一个品牌，由Wi-Fi联盟（Wi-Fi Alliance）所持有，目的是改善基于IEEE 802.11标准的无线网络产品之间的互通性，保障使用该商标的商品互相之间可以合作。因此，Wi-Fi可以看作是对IEEE 802.11标准的具体实现。

随着物联网和智能家居应用的发展，Wi-Fi路由器等本身就是智能家居环境中的一部分，在智能家居系统中可以作为骨干无线网络的中枢通信渠道，并可以通过手机等移动设备作为智能家居控制终端的一部分。应该看到，Wi-Fi擅长的是可靠的高速数据传输，其计算复杂性尤其是高能耗、大体积制约了其在智能家居系统中的角色定位。

此外，利用Wi-Fi可以组成星形（Star）网络，未来的网状网协议Wi-Fi HaLow值得期待。当然，由于Wi-Fi技术在无线环境及设备中的无可撼动的地位，在智能家居系统中不可或缺，在可以预见的未来，必然与其他短距离无线技术如蓝牙、ZigBee、Z-Wave、Thread等互相补充，共同担负支撑智能家居系统的重任。

2．Wi-Fi技术特点

Wi-Fi的主要特点如下：

1）覆盖范围广：一般而言，Wi-Fi的通信半径可达30～100m，有的Wi-Fi交换机甚至能够把无线网络接近100m的通信距离扩大到约6500m。此外，在智能家居环境中，Wi-Fi的穿墙能力强，网络非覆盖死角少。

2）组网方式：目前Wi-Fi采用星形组网方式，一般Wi-Fi路由器起中心节点的作用，一般节点的加入和去除，不会影响网络内其他节点的工作。

3）高传输速度：一般传输速率在数百Mbit/s甚至可以达到1Gbit/s，能够满足包括视频流媒体在内的大多数网络应用。

4）能耗及电池更换续航时间：能耗较高，一般电池续航时间大约为10h。

5）辐射安全性：IEEE 802.11规定的发射功率不可超过100mW，实际发射功率为

60～70mW，而手机的发射功率为200mW～1W，因此Wi-Fi产品的辐射更小。

3. 已发布版本情况

Wi-Fi技术标准在1997年发布802.11第一代标准，传输速率在1Mbit/s左右，到第五代802.11ac，通信速率已经达到1Gbit/s以上，期间经历了十几年时间，主要有IEEE 802.11a、IEEE 802.11b、IEEE 802.11g、IEEE 802.11n和IEEE 802.11ac、IEEE 802.11ad等，其工作频率如图3-4所示。一般而言，工作频率越高，数据传输速率越大，但穿墙能力越弱。

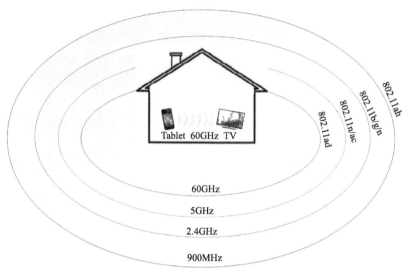

图3-4 Wi-Fi版本工作频率示意图

第一代Wi-Fi 802.11-1997：该Wi-Fi标准于1997年推出，传输速率只能达到1～2Mbit/s，可以被Infrared（红外传输）、FHSS（调频扩频技术）、DSSS（Direct Sequence Spread Spectrum，直接序列扩频技术）等技术替代。由于传输速率过低，加上硬件设备价格相当昂贵，该标准推广并不顺利。直到1999年802.11a/b推出后，Wi-Fi技术才逐渐得到公众的认可。

第二代Wi-Fi 802.11a/b：802.11a/b标准在1999年发布。其中802.11a采用5GHz频率，传输速率可达54Mbit/s，但存在覆盖范围小、穿透性差的缺点。802.11b继承了DSSS直接序列扩频技术，工作在2.4GHz，传输速率达11Mbit/s，但存在抗干扰性差的缺点。

第三代Wi-Fi 802.11g：2003年，802.11g标准面世，其工作在2.4GHz频段，兼容802.11b，但采用了OFDM调制技术，传输速率能达到54Mbit/s。在同样到54Mbit/s的传输速率时，基于802.11g的设备有大约两倍于802.11a设备的覆盖距离。

第四代Wi-Fi 802.11n：2009年，IEEE正式通过802.11n标准。由于结合了MIMO（Multiple-Input Multiple-Output，多入多出）与OFDM（正交频分复用）技术，

802.11n的传输速率提高到了300Mbit/s，甚至高达600Mbit/s。802.11n采用了智能天线技术，通过多组独立天线组成的天线阵列动态调整波束，保证稳定的信号传输。为提高兼容性能，802.11n还采用了软件无线电技术，使得不同系统的基站和终端都可以通过这一平台的不同软件实现互通和兼容。

第五代Wi-Fi 802.11ac：802.11ac标准在2013年发布，其理论传输速率高达1.3Gbit/s，是802.11n最高传输速率的3倍，能够满足高清视频播放需求。此外，它可同时容纳更多的接入设备，提升网络覆盖范围，有效减少网络盲区。不过它的通信距离较802.11n大大降低，约为30m。

第六代Wi-Fi 802.11ad：IEEE 802.11ad工作在60GHz频段，无线传输速率可达7Gbit/s，具有高速度、低延迟等特点。但IEEE 802.11ad适用于短距离、高速率的应用场景，传输距离在5m以内。此外，该版本的硬件设备较贵，在智能家居环境中的穿墙能力和通信距离都会受到限制。

Wi-Fi 802.11系列版本的基本参数见表3-6。

表3-6　Wi-Fi 802.11系列版本的基本参数

标准版本	802.11a	802.11b	802.11g	802.11n	802.11ac	802.11ad
发布时间	1999	1999	2003	2009	2013	2013
工作频段	5GHz	2.4GHz	2.4GHz	2.4GHz、5GHz	5GHz	2.4GHz/5GHz/60GHz
传输速率	54Mbit/s	11Mbit/s	54Mbit/s	600Mbit/s	433Mbit/s/867Mbit/s	4.6～7Gbit/s
编码类型	OFDM	DSSS	OFDM、DSSS	MIMO-OFDM	MIMO-OFDM	OFDM+单载波调制
信道宽度	20MHz	22MHz	20MHz	20MHz/40MHz	20MHz/40MHz/80MHz/160MHz	—
天线数目	1x1	1x1	1x1	4x4	8x8	10x10
覆盖距离（室内）	30m	30m	30m	70m	30m	<5m

4．Wi-Fi组网方式

Wi-Fi在智能家居应用中的联网目前主要采用集中式的方式。在这种组网方式中，智能路由器担当了网关的角色，所有嵌入Wi-Fi模块的智能家居设备都连接到智能路由器中，由于智能路由器能够连接互联网，进而可以通过路由器连接到外网。

具体而言，嵌入Wi-Fi模块的智能家居设备，具备两种被动型串口设备联网和主动型串口设备联网方式。被动型串口设备联网指在系统中所有设备一直处于被动的等待连接状态，仅由后台服务器主动发起与设备的连接，并进行请求或下传数据的方式。主动型串口设备联网指由设备主动发起连接，并与后台服务器进行数据交互（上传或下载）的方式。

由于Wi-Fi目前公布的版本、协议复杂，设备体积大、成本高，尤其是能耗高，限制了其在智能家居中的应用。此外，目前应用在智能家居中的网络是星型控制网络，所有设备间的通信必须通过路由器实现，这样必然要加大路由器的负担。另外，目前一般家庭路由器可允许接入的智能设备约为15个，如果加入更多，将消耗更多的网络资源，给网络带宽带来考验。因此，要组成更大更智能的智能家居网络，目前受到了Wi-Fi能力的限制。当然，未来IEEE 802.11ah低能耗、网状网协议的公布，有望协助Wi-Fi在智能家居和物联网应用中扮演更强大的角色。

IEEE 802.11ah又称Wi-Fi HaLow技术，工作在 900MHz频段，这与其他Wi-Fi协议工作在2.4GHz和5GHz频段截然不同。HaLow属于低功耗协议，有更远的通信距离，其覆盖范围可以达到1km，并且信号更强，不容易被干扰。HaLow技术要在2018年才开始授权HaLow产品，主要针对智能穿戴设备、低功耗的传感器和智能家居的应用而设计。

3.3.3　ZigBee技术

1. ZigBee技术简介

ZigBee（又称紫蜂）技术是一种基于IEEE 802.15.4的通信协议的短距离无线通信技术，其中IEEE 802.15.4处理低级MAC层和物理层协议，而ZigBee协议对网络层和API进行标准化。ZigBee技术旨在建立一种低速率、低功耗的个域网（LRWPAN，Low Rate Wireless Personal Area Network），主要特征是近距离、低功耗、低成本、低传输速率。ZigBee支持星形、树形和网状网的组网，形式多样，可以应用于智能家居、工业监控、传感器网络等领域。ZigBee技术使用三种频段：2.4GHz、868MHz和915MHz，其中2.4GHz频段是全球通用频段，868MHz和915MHz属于美国和欧洲的ISM频段。

ZigBee名称据说来源于蜜蜂的八字舞，这是因为蜜蜂（bee）在与同伴传递发现花粉位置的信息时，依靠的是自己飞翔和"嗡嗡"（zig）抖动翅膀的"舞蹈"，这是蜜蜂群体相互通信的一种方式。ZigBee技术由ZigBee联盟负责，该联盟于2001年8月成立，是一个开放性非赢利生态系统，目前由代表37个国家的400多家公司组成，包括国际著名半导体生产商、技术提供者、代工生产商以及最终使用者。

直到目前，ZigBee联盟董事会成员有康卡斯特（Comcast Cable）、艾创（Itron Inc.）、克罗格（The Kroger Co.）、兰吉尔（Landis+Gyr）、罗格朗（Legrand Group）、恩智浦半导体（NXP Semiconductors）、飞利浦（Philips）、施耐德（Schneider Electric）、芯科（Silicon Labs）、SmartThings、德州仪器（Texas Instruments）、南京物联（Wulian）、美的集团、华为、飞思卡尔半导体（Freescale Semiconductor）、立达信（LEEDARSON）等国内外知名智能家居相关企业。

2. ZigBee技术特点

ZigBee的主要技术特点如下：

1）功耗低：这是ZigBee最为显著的一个特点。ZigBee采用了休眠机制，工作周期短，收发信息功耗低。因此一个ZigBee设备节点仅需要两节普通的五号干电池供电，就可以工作6个月到一年的时间。智能家居环境很多情况下节点的通信量有限，因此耗能较低，不需要经常更换设备电池。

2）成本低：ZigBee协议简单，存储空间小，这极大降低了ZigBee的成本，每块芯片的价格仅2美元。未来随着规模化的使用和技术的进一步发展，价格降低到1美元以下也不是不可能的。

3）传输距离短：在不使用功率放大器的前提下，ZigBee节点的有效传输范围一般为10~75m，小面积的智能家居完全能够覆盖。当然，如果使用功率放大器，其传输距离可以达到1000m，不过相应功耗会大大增加。由于ZigBee可以通过组网实现多跳连接数据传输，覆盖范围就会大大扩大。

4）低数据传输速率：ZigBee具有三种不同的传输速率，其中2.4GHz频段为250kbit/s，915MHz频段为40kbit/s，868MHz频段只有20kbit/s。大多数的智能家居应用，感知数据和控制数据不需要很大的传输速率，因此该技术可满足要求。但对于视频类和高清照片类应用，则需要较大数据传输量，该技术就不太适用。

5）时延短：ZigBee的通信时延和从休眠状态激活的时延都非常短，一般节点设备从睡眠转入工作状态只需15ms，节点连接进入网络只需30ms，而蓝牙技术需要3~10s，Wi-Fi技术需要3s左右。较低的时延，不仅节省了能耗，更为重要的是对于那些对时延敏感的智能家居应用意义重大。如安装在厨房内的烟雾探测器，一旦探测到烟雾，需要快速传输报警信息，并能够快速采取相应的措施，以减少损失。

6）高可靠性：ZigBee采用了数据传输碰撞避免机制，并且在MAC层采用完整的数据传输确认机制，如每个发送的数据包都必须等待接收方的确认信息，保证了传输信息的可靠性。

7）高安全性：ZigBee采用基于循环冗余校验（CRC）的数据包完整性检查功能，AES-128的加密算法，支持鉴权和认证，确保了智能家居应用的安全性。

3. 历史版本情况

到目前为止，ZigBee共公布了四个协议标准，分别为ZigBee 2004、ZigBee 2006、ZigBee 2007和ZigBee 3.0。其中ZigBee 2004、ZigBee 2006、ZigBee 2007版本发布时间比较接近，ZigBee 2007规范了两套功能指令集，分别是ZigBee功能命令集和ZigBee Pro 功能命令集，具体版本情况见表3-7。

表3-7 ZigBee 2004～ZigBee 2007版本比较

版本名称	ZigBee 2004	ZigBee 2006	ZigBee 2007	ZigBee 2007
发布时间	2004.12	2006.12	2007.10	2007.10
指令集	无	无	ZigBee	ZigBee Pro
无线射频标准	802.15.4	802.15.4	802.15.4	802.15.4
地址分配	无	CSKIP	CSKIP	随机
网络拓扑	星形	树形、网形	树形、网状	网状
大网络	不支持	不支持	不支持	支持
自动跳频	是, 3信道	否	否	是
PANID冲突决策	支持	否	可选	支持
数据分割	支持	否	可选	可选
多对一路由	否	否	否	支持
高安全	支持	支持, 1密钥	支持, 1密钥	支持, 多密钥
支持节点数目	少量节点	300个以下	300个以下	1000个以上
应用领域	消费电子	智能家居	智能住宅	智能家居、商业

在ZigBee 2007版本推出后，时隔近10年，随着智能家居应用的兴起，蓝牙和Wi-Fi加速了在智能家居短距离通信协议方面的竞争，蓝牙进行Mesh网络开发，Wi-Fi进行低功耗开发，ZigBee原本具有的低功耗、网状网的优势和市场，将要被蓝牙和Wi-Fi蚕食。在这种背景下，2016年5月，ZigBee联盟在上海面向亚洲市场正式推出ZigBee 3.0标准，力保ZigBee技术在智能家居领域的领先地位。

ZigBee 3.0仍然基于IEEE 802.15.4标准，工作频率为2.4 GHz、使用ZigBee PRO网络。不过，ZigBee 3.0统一了ZigBee Home Automation、ZigBee Light Link、ZigBee Building Automation、ZigBee Retail Services、ZigBee Health Care和ZigBee Telecommunication services 6个标准，建立了一个统一、开放、完整的无线物联网产品开发解决方案。这样的统一从物理层延伸到应用层，覆盖了最广泛的设备类型，包括家庭自动化、照明、能源管理、智能家电、安全装置、传感器和医疗保健监控产品，从而为这些领域的产品真正实现互通互联、互相控制打下了坚实的基础。

4. ZigBee 组网方式

按照ZigBee协议，可以组成三种不同的网络，如树形网、星形网和网状网。如果按照网络中设备节点的功能划分，设备节点可以分为协调器节点、路由器节点和终端节点3种。而一个ZigBee网络一般由一个协调器节点、多个路由器节点和多个终端节点组成。

1）协调器节点（coordinator）。协调器的作用主要用于网络的建立和网络的配置。不过一旦网络建立完成，各种网络操作就可以不依赖这个协调器的存在，这是因为ZigBee网络所具有的分布式特性。协调器节点使用一个信道和网络标识符（PAN ID）发起组建自己的网络。除此之外，协调器节点在网络中还负责建立安全机制、完成网络中的设备绑定任务等。在树形网中它位于树的根部，在星形网中它位于网络的中心。因此，它还担负数据汇聚中心和控制中心的作用。

2）路由器节点（router）。路由器节点也可以称为中继节点。它除了作为普通设备节点使用外，还可以作为网络中的中继转接节点，负责传输其他节点，如终端节点传递来的信息，实现多跳通信，扩大网络的覆盖范围。

3）终端节点（End Device）。终端节点位于ZigBee网络的最末端，又称为叶子节点。它主要负责网络中最基本的功能，如感知信息的收集、对设备的控制等。为了最大化地节约电池能量，当一个终端节点没有具体的工作要完成时，它可以选择去休眠，或者使用很少的能量维持等待唤醒的状态。

如前所述，ZigBee可以组成三种不同的网络结构，以满足不同的需要，主要有星形（Star），树形（Tree），网形（Mesh）3种网络拓扑结构。在ZigBee组成的星形拓扑结构中，一个协调器节点和多个路由器节点或终端节点相连，终端节点之间必须通过协调器节点联系，而不能直接进行通信。在树形拓扑结构中，从协调器节点开始，经过中间的路由器节点逐步组成网络，最末端连接到终端节点。在网状拓扑结构中，除终端节点以外，一般一个设备节点可以和多台设备相连，而终端设备只能和一个路由器节点或者一个协调器节点相连。

3种网络拓扑结构各有特点，其中星形网络控制最为简单，如图3-5所示。它适用于网络连接的节点数目和网络覆盖范围有限的应用。不过，终端节点间不能直接通信，需要协调器节点作为桥梁进行中间传递，时延较长，因此当协调器出现问题导致无法工作时，整个网络就会崩溃。星形网络适合规模不大、控制的设备节点不多的应用情况。

树形网络适用于感知数据汇聚的应用情形，如图3-6所示。形成由多个房间统一组成的ZigBee网络时，可以采用该种方式。协调器作为根节点最终可以连接到智能家居的控制中心，从而形成一个完整的家庭控制网络。不过，树形网络实际上也是一种集中控制的网络，协调器作为根节点一旦不能正常工作，整个网络将进入瘫痪状态，无法继续有效工作。

ZigBee的网状网，英文为Mesh网络，如图3-7所示，其网络控制最为复杂，但应用最为广泛。网状网的最大好处在于，网络中的设备节点是完全对等的。因此网状网中的任何一个设备节点出现问题，均不影响这个网络中其余设备之间的通信。此外，有些智能家居设备需要互相关联，根据检测到的信息实现实时关联控制，因此需要直接及时的通信。而网状网恰恰具备临近节点间直接通信的能力，因此网状网适合那些不需要集中控制或者集中控制和分布式控制相结合的应用场合，在智能家居中应用前景最为广阔。

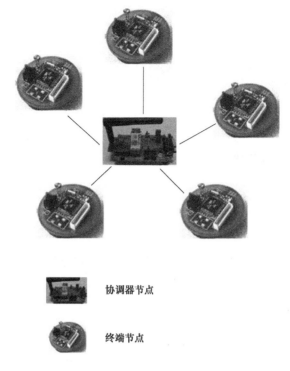

协调器节点

终端节点

图3-5 ZigBee星形网组网示意图

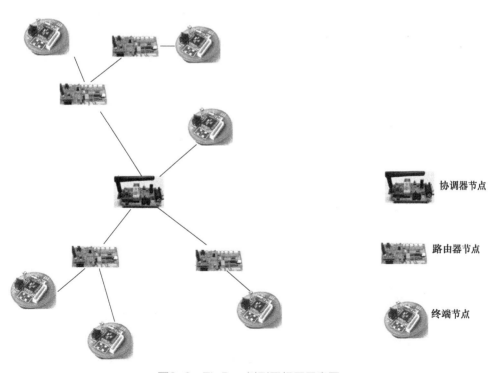

协调器节点

路由器节点

终端节点

图3-6 ZigBee树形网组网示意图

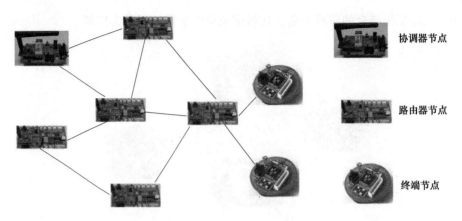

协调器节点

路由器节点

终端节点

图3-7 ZigBee网状网组网示意图

5. ZigBee在智能家居中的应用

ZigBee具有低速率、低成本和低功耗的特点，因此其应用领域很广泛，可以应用在工业控制、农业、商业、玩具和游戏、个人健康监护、医用设备控制、汽车自动化、家庭自动化等领域。

ZigBee在智能家居中的应用较多，具体应用在照明控制、窗帘控制、家庭安防、暖气控制、内置家居控制的机顶盒、万能遥控器、家庭环境检测与控制、自动读表系统、烟雾传感器、医疗监控系统、空调系统、家用电器的远程控制、远程监控病人的血压、体温和心率等信息、远程医疗、远程监护、远程治疗等方面。

尽管ZigBee技术并非专门为智能家居应用设计，但ZigBee具有非常好的发展基础，包括市场、技术、生产厂商等方面，具有广泛的影响力。2016年ZigBee3.0公布之后，有望解决所有ZigBee产品真正的互联互通问题。

紧接着在2017年1月，ZigBee联盟公布了物联网通用语言dotdot，目的在于使智能设备能够在任何网络上协同工作。ZigBee联盟和Thread Group成员还首次演示了在Thread IP网络上运行的dotdot设备，标志着Thread和ZigBee事实上宣布合作，设备可以实现互联互通。可以说，以2016年ZigBee3.0应用层协议的整合发布和2017年跨网协作IoT通用语言dotdot的发布为标志，ZigBee产业生态已经初步形成，未来其在智能家居中的应用潜力被看好。

3.3.4   Z-Wave技术

1. Z-Wave技术简介

Z-Wave是专门针对智能无线家居（Intelligent Wireless Home）应用开发的一种短距离无线通信技术，由丹麦的芯片和软件开发商Zensys公司开发。2005年1月，Zensys公司与其他60多家厂商在CES（Consumer Electronics Show）大会上宣布成立Z-Wave联盟（Z-Wave Alliance），目前已有160多家公司加入。Z-Wave联盟虽然没有ZigBee联盟强大，但是Z-Wave联盟的成员均在智能家居领域有现行产品，联盟成员覆盖全球各个国家和地区。此外，随着国际大公司如思科（Cisco）、英特尔（Intel）和Microsoft等的加入，确保了Z-Wave在智能家居方面的地位，目前Z-Wave在欧美普及率比较高。

Z-Wave新版本Z-Wave Plus在2015年发布，新版本有了许多改进和性能提升。尤其在节能方面，可以节省50%的电能，通信距离可以达到150m，支持无线固件升级，拥有更快的速度，支持网状网等。

2．Z-Wave技术特点

Z-Wave技术具有如下特点。

1）成本低。Z-Wave技术结构简单，芯片成本低廉，有利于在智能家居领域推广。

2）工作频率及数据传输速率。Z-Wave采用FSK调制方式，主要有2个工作频段：868.42MHz（欧洲）和908.42MHz（美国），Z-Wave数据传输速率为9.6～40kbit/s。

3）覆盖范围。Z-Wave信号有效覆盖范围在室内大约为40m（室外空旷情况可以达到100m），数据传输的最大跳数为5跳（hops），因此室内最大传输距离大约为200m。每一个Z-Wave网络可容纳最多255个节点。如果需要连接更多的网络节点和更大的覆盖范围，则需要使用跨网的桥接（Bridge）技术。

4）功耗低。Z-Wave采用单个模块方案和自适应发射功率模式，对应使用电池驱动设备，如调温器、传感器等采用先进的节能模式，可以有效降低家居控制系统的功耗。在通信连接状态下可以采用休眠模式，使用2节7号电池，Z-Wave设备可以工作长达2年的时间。

5）网络管理简便。Z-Wave只需几分钟就可以实现安装及组网，操作简单，在安装时可实现地址分配和节点间的互联。此外，Z-Wave对于旧版本实现完全的兼容机制。

6）较好的抗干扰能力。Z-Wave使用免授权通信频带，采用双向应答式的传送机制，压缩帧格式和动态路由选择，减少了干扰和失真。另外，每个Z-Wave网络具有自身独有的网络标识符，可以有效防止邻近网络间的干扰。另外，Z-Wave工作在908.42MHz频段，相对于工作在2.4GHz频段的蓝牙、ZigBee和Wi-Fi而言，其干扰源要少一些。

3．Z-Wave网络节点特点

在Z-Wave网络中，有三类节点：主控节点（Controllers）、路由节点（Routing Slaves）和从节点（Slaves）。一般一个网络有一个主控节点、多个路由节点和从节点。主控节点是最高级别的节点，具有添加和删除网络设备、分配网络地址的权利，它存储网络中所有节点的拓扑信息，计算信息传输的路径，控制网络中所有节点的路由地址。主控节点可以是移动的，如手持的遥控器，也可以是固定在某一位置的，还可以是网桥的形式。路由节点只储存与它相关的部分网络拓扑信息，定义部分节点的路由地址，在网络中也可以充当信息传输的中继节点。从节点不存储拓扑信息，也不计算信息传输的路径，只是响应主控节点和路由节点传来的命令，并将感知等信息沿原路传回。

4. Z-Wave在智能家居中的应用

Z-Wave是唯一专门针对智能家居应用的短距离无线通信技术，因具有低成本、低功耗、小尺寸、易使用、高可靠性、双向无线通信组网等特性而得到广泛应用。如图3-8所示，利用一个Z-Wave控制器，可以同时控制智能家居中的家用电器、灯具、抄表器、门禁、通风空调设备、家用网关、自动报警器等。如果将Z-Wave技术与其他技术（如Wi-Fi技术）相结合，用户就可以利用手机、互联网、遥控器等对Z-Wave网络中的家电、自动化设备、甚至是门锁进行远程控制。用户还可以设定相应的"情景"：比如影院模式，会自动合上客厅的窗帘，降低电灯的亮度，并且启动电视机或者投影仪。由于采用了通用的标准，不同公司出品的Z-Wave产品之间都可以互联互通，这给用户带来了极大的方便。

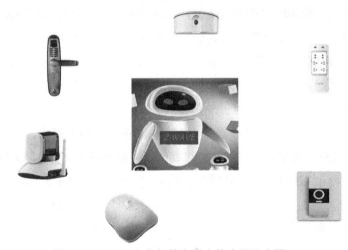

图3-8　Z-Wave在智能家居中的应用示意图

不过，尽管Z-Wave联盟已有160多家业者加入会员，未来还需要IT、通信、消费性电子等领域的重量级业者的支持，而相对的国际级的半导体业者几乎都支持和参与了ZigBee联盟。另外，Z-Wave在节点数量上受到限制，对组成更大覆盖范围和连接更多的节点设备有一定的影响。

3.4 长距离低功耗无线通信技术

长距离低功耗无线通信技术又称低功耗广域网LPWA技术（Low Power Wide Area），主要是随着物联网应用的发展而开发的一类低功耗的远距离通信技术。目前该技术主要分为两类：一类工作于授权频谱下，如3GPP支持的蜂窝通信技术，采用如EC-GSM、LTE Cat-m、NB-IOT等技术；另一类是工作于未授权频谱的LoRa、SigFox等技术。在智能家居领域，该技术主要用于满足智能家居中部分智能家电设备"常在线"、可以远程访问和控制的需要。常用的LPWA技术有NB-IOT、LoRa、SigFox、RPMA和Wi-Fi HaLow技术，各种技术比较见表3-8。限于篇幅，本节主要介绍NB-IOT、LoRa、SigFox三种技术。

表3-8　低功耗广域网LPWA技术比较

技 术 名 称	发 表 年 份	频　　　段	最大传输距离	传 输 速 率
NB-IOT	2016	GSM/LTE	20km	28~64kbit/s
LoRa	2015	Sub-GHz	3~15km	0.3~27kbit/s
SigFox	2012	Sub-GHz	3~50km	100bit/s
RPMA	2008	2.4GHz	4km	8~8kbit/s
Wi-Fi HaLow	2016	Sub-GHz	1km	100kbit/s

3.4.1　NB-IOT技术

NB-IOT（Narrow Band Internet of Things，NB-IOT）是一种基于蜂窝的窄带物联网的低功耗远距离无线通信技术，属于低功耗广域网络（LPWA）的一种。华为倡导的NB-IOT的3GPP R13（第三代合作伙伴计划，3rd Generation Partnership Project，3GPP）已经在2016年6月冻结，2017年有望获得商用。NB-IOT消耗大约180kHz的频段，可直接部署于GSM网络、UMTS网络或LTE网络，可采取带内、保护带或独立载波三种部署方式。NB-IOT的应用如图3-9所示。

图3-9　NB-IOT的应用示意图

NB-IOT主要技术特点如下：

1）低功耗。在低功耗智能家居设备中，尤其是需要安装电池的智能设备中，NB-IOT应用于小数据传输量、小传输速率的智能家居，因为NB-IOT设备功耗非常小，设备续航时间甚至可达到10年。

2）高覆盖。NB-IOT的室内覆盖能力及穿透能力较强，比LTE提升20dB增益，这不仅增加了无线连接的可靠性，保证了"常在线"的需要，还能覆盖智能家居中部署在地下车库中的智能家居设备。

3）强连接。NB-IOT能够提供现有无线通信技术50～100倍的接入设备数，一个基站的一个扇区能够支持10万个低延时高敏感度的连接数，这能够保障未来智能家居中大量智能设备同时联网的需求。

4）成本低。随着NB-IOT应用的推广，未来NB-IOT模组成本有望降至5美元以内。不过目前蓝牙、Z-Wave、Thread、ZigBee等标准芯片价格也较低，仅在2美元左右。

5）通信距离和数据传输速率。NB-IOT的通信距离为1～20km；所支持的最大数据传输速率：上行（Uplink）为64kbit/s，下行（Downlink）为28kbit/s，因此适用于那些对数据传输速率要求不太高的应用场合。

3.4.2　LoRa技术

LoRa技术是美国SemTech公司研发的一种低功耗广域网络LPWA技术。SemTech公司是高质量模拟和混合信号半导体产品的领先供应商，该公司在2013年8月发布了新型的基于1GHz以下的超长距低功耗数据传输技术（Long Range，简称LoRa）的芯片，其灵敏度达到了惊人的−148dBm，与同类芯片相比，最高的接收灵敏度提高了20dBm以上。LoRa技术具有成本低、通信距离远、功耗低、安全性高等特点，而且由于LoRa使用的是一种异步通信协议，不仅在处理干扰、网络重叠、可伸缩性等方面具有优势，而且在耗电方面大大延长了使用电池供电的设备的使用寿命。

国际LoRa联盟于2015年3月成立，是一个开放的、非赢利性组织，旨在推动LoRa技术和LoRaWAN协议的发展，提供全球开放的安全接入标准和电信级物联网低功耗广覆盖连接。目前全球LoRa联盟成员超过300家，包括跨国电信运营商、设备制造商、系统集成商、传感器厂商、芯片厂商和创新创业企业等。这些成员跨欧洲、北美、亚洲、非洲等地区，包括思科（Cisco）、IBM、升特（Semtech）及微芯（Microchip）等。2016年初，中国LoRa应用联盟CLAA（China Lora Application Alliance）由中兴通讯发起成立。

LoRa的主要技术特点如下：

1）测距及定位：LoRa能够提供不依赖于GPS的定位技术，这对于智能家居室内定位尤其有利。LoRa主要利用传输信号在空中的传输时间来测量距离，而不是利用接收信号的强度RSSI值，因为RSSI值受环境的影响太大，稳定性差。LoRa根据多点（网关）对一点（终端）的空中传输时间差的测量来实现定位，定位精度可达到5m以内。

2）工作频率：工作在868 MHz/915 MHz ISM免费频段，美国为902~928MHz，欧洲为863~870MHz，中国为779~787MHz。

3）广域长距离覆盖：在城区通信距离达5km，在空旷郊区可达15km。

4）低能耗：节点能耗低。节点可以根据具体应用场景的需求进行或长或短的睡眠。LoRa节点的接收电流仅为10mA，睡眠电流为200nA，因此使用LoRa技术的电池寿命高达3~10年。

5）网络部署简单。如图3-10所示，LoRa组网主要包括服务器、网关和终端设备。一个LoRa网关可以同时连接和管理多达1000个以上的终端节点。

6）采用变速率数据传输：为了节省节点的能耗，终端节点可以采用0.3~27 kbit/s的数据传输速率。

7）安全性高：采用嵌入式的端到端的AES128安全算法。

8）成本：目前LoRa模块的价格一般为7~10美元，但LoRa联盟本身没有版权等限制，未来LoRa模块价格有望低于4美元。

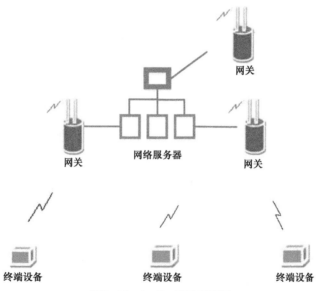

图3-10 LoRa组网示意图

LoRa技术的主要缺点在于其服务质量（Quality of Service，QoS）不高，数据传输量小，存在时间延迟等。LoRa技术采用星形组网方式，在服务质量上不如使用蜂窝网络的通信方式，如NB-IOT。另外，其通信速率小于27kbit/s，时延比较长，对于实时性要求高的应用不适合，因此适合成本低、大量连接，对服务质量和数据传输速率要求都不高的应用场合。

3.4.3 SigFox技术

SigFox技术来自于2009年成立的一家法国全球物联网运营商公司。SigFox建立的网络使用UNB（Ultra Narrow Band）超窄带技术，每秒只能处理10~1000bit的数据，但低功耗是该技术显著的特点，其双向通信连接的耗电功率为100μw，仅为一般移动电话通信消耗功率的1/50（移动电话通信消耗功率一般约为5000μw）。

数据传输每天每个设备节点发送140条消息，每条消息12字节（96位），无线数据传输速率为100bit/s。SigFox工作在ISM免费频段，在欧洲使用868MHz，在美国使用915MHz。SigFox通信距离在农村地区为30~50km，在城市中常有更多的障碍物和噪声，距离可能减少到3~10km。SigFox网络是基于星形连接的可扩展性好、容量高的网络，具有非常低的能源消耗，同时保持了简单和易于部署的特点。

SigFox价格低廉，SigFox通信芯片和调制解调器的成本不到1美元。其低廉的成本，使其在国际领域的布局扩展迅速。但SigFox在一个国家只与一个合作商进行合作部署网络，而不具有像LoRa联盟一样的开放性。目前，它已经完成了在6个国家的全国性部署，计划到2018年覆盖全球60个国家和地区。

3.5 其他无线通信技术

3.5.1 UWB技术

UWB（Ultra WideBand）技术是一种超宽带无线通信技术，工作频段范围为3.1~10.6GHz，使用1GHz以上带宽，传输距离通常在10m以内，通信速度可以达到几百Mbit/s以上。UWB并不采用常用的载波通信，而是利用纳秒至微微秒级的非正弦波窄脉冲传输数据，适用于高速、近距离的无线个人通信。在智能家居中，可以实现短距离的高速数据传输，并能够应用于室内定位。

UWB的主要技术特点如下：

1）超高速、超大容量、低功耗。UWB技术具有低功耗的特点，对于用便携式电池供电的系统的长时间工作非常有利。UWB技术以非常宽的频率带宽换取高速的数据传输，如在10m的传输范围内，信号的传输速率可达500Mbit/s，可以实现高速短距离通信。

2）全新的通信方式。传统的无线通信技术需要消耗大量发射功率在载波上，但载波本身并不传送信息，真正能够传送信息的是调制信号，即用某种调制方式对载波进行调制。超宽带通信系统采用无载波方式，直接调制超短窄脉冲，从而产生一个数吉赫兹的大带宽。对于目前日益紧张、有限的共享频谱资源，超宽带技术有其独特的优势。

3）抗多径能力。UWB使用持续时间极短的单周期脉冲，占空比极低，多径信号在时间上是可分离的，因此具有很强的抗多径能力。在传统无线通信中，多径衰落一直难以解决，而UWB信号能够分辨出时延达纳秒级的室内场景的多径信号，并在接收端实现多径信号的分集接收。

4）精确定位。UWB采用的冲激脉冲具有很高的定位精度和穿透能力，可以将定位与通信合二为一，在室内和地下进行精确定位。信号的距离分辨力与信号的带宽成正比，而UWB信号脉冲宽度在纳秒级，其对应的距离分辨能力可高达厘米级，因此超宽带系统在完成通信的同时还能实现准确定位跟踪，其定位与通信功能的融合扩展了其在智能家居中的应用范围。

5）高保密性。UWB信号一般把信号能量弥散在极宽的频带范围内，功率谱密度低于自然的电子噪声，采用编码对脉冲参数进行伪随机化后，脉冲的检测将更加困难。UWB信号本身巨大的带宽及FCC对UWB系统的功率限制，使UWB系统相对于传统窄带系统的功率谱密度低。低功率谱密度使信号不易被截获，具有一定的保密性，同时对其他窄带系统的干扰可以很小。

6）结构简单、成本低。UWB 发射机直接用脉冲小型激励天线，不需要功放与混频器，在接收端也不需要中频处理。因此，UWB只需要一种数字方式来产生超短窄脉冲，可大大降低系统复杂程度，减少收发信机的体积和功耗，易于实现数字化和采用软件无线电技术。

3.5.2 RFID技术

RFID技术又称射频识别技术，是最早源于第二次世界大战时期飞机雷达探测技术，并于20世纪80年代发展起来的一种自动识别技术。RFID利用射频信号通过空间耦合（交变磁场或电磁场）实现无接触信息传递，可对静止或移动物体进行自动识别。RFID 标签价格低廉，因此被广泛应用于智能工厂、交通运输、农业产品追溯管理、高速车辆管理收费、零售业物流配送、智能商场、图书档案管理、门禁系统等领域。在智能家居应用领域，可以用于物体及人员移动定位，食物、物品等识别与管理等。

RFID系统主要由电子标签、RFID读写器等组成。电子标签（Tag）放置在需要识别的物体上，由耦合元件和芯片组成，标签有内置天线，可以发送和接收信号；读写器（Reader）可以向标签发送或者接收数据。RFID标签根据其可读写性，分为只读和读写标签；根据调制方式，分为主动式、被动式和半主动式标签；根据标签和阅读器的通信顺序，分为RTF（Reader Talk First）和TTF（Tag Talk First）；根据频段的不同，分为低频、高频、超高频和微波标签等。

根据是否有电源，RFID标签又分为有源、半有源和无源电子的标签。

（1）有源电子标签　也称主动标签（Active tag），标签的工作电源完全由内部电池供给，同时标签电池也给标签的无线发射和接收装置供电。

（2）半有源射频标签　也称半被动标签（Semi-passive tag），可以使用微型纽扣电池给芯片供电，其天线接收和发射信号仍然通过发射的电磁波获取能量，因此本身耗电很少。

（3）无源电子标签　也称被动标签（Passive tag），没有内部电池。当标签处在读写器的读出范围之外时，电子标签处于无源状态；处在读写器的读出范围之内时，电子标签从阅读器发出的射频能量中提取其工作所需的电源能量。无源电子标签一般均采用反射调制方式完成电子标签信息向阅读器的传送。

被动标签要实现标签的读写，首先需要读写器通过发射天线发送一定频率的射频信号，当RFID进入发射天线工作区域时产生感应电流，标签获得能量被激活，将自身编码等信息通过内置发送天线发送出去，系统接收天线接收到标签发送来的载波信号，经天线调节器传送到读写器，读写器对接收的信号进行解调和解码进行识别，并根据逻辑运算判断该标签的合法性，针对不同的设定做出相应的处理和控制，发出指令信号控制执行机构动作。

标签与读写器通信的方式和能量感应方式主要分为电感耦合和电磁反向散射耦合两种方式。电感耦合方式也称磁耦合，一般适用于中低频的近距离RFID系统，通过空间高频交变磁场实现耦合，依据的是电磁感应定律。电感耦合系统的效率不高，标签一般采用无源标签，典型的工作频率有125kHz、225kHz和13.56MHz等，其电流消耗低，只读标签距离在1m左右。

RFID电磁反向散射耦合采用雷达原理，读写器发射出去的电磁波遇到目标后一部分被目标吸收，一部分以不同的强度散射到各个方向，其中一小部分携带目标信息反射回发射天线，并被天线接收（读写器的发射天线也是接收天线），天线对接收信号进行处理和放大，即可获得目标的相关信息。电磁反向散射耦合依据的是电磁波的空间传播规律，其典型的工作频率有433MHz、915MHz、2.45GHz和5.8GHz等，典型作用距离为3～10m或更远。

3.5.3　NFC技术

NFC技术是一种短距离高频无线通信技术。该技术允许电子设备之间以非接触方式实现点对点之间的数据传输，其通信距离在10cm左右。NFC技术最早由Sony和Philips（现恩智浦半导体）各自开发成功，工作频率为13.56MHz，采用主动和被动两种读取模式，其传输速率有106kbit/s、212kbit/s和424kbit/s三种。近场通信技术已经成为ISO/IEC IS 18092国际标准、ECMA-340标准与ETSI TS 102190标准。

NFC从技术溯源上讲是RFID技术和互联互通技术整合演变而来的，它在单一芯片上结合了感应式读卡器、感应式卡片和点对点通信的功能，从而可在短距离内与兼容设备进行识别及数据交换。虽然NFC来源于RFID，但与RFID技术不同，NFC具有双向连接和识别的特点。

NFC在智能家居中占有一席之地，这得益于该技术的简单、便利、标签体积小等特点以及智能家居应用多样化的需要。NFC可以用于智能家居物体的定位及跟踪，对于一些如钥匙、玩具等小件物品，尤其适用。NFC还能用于嵌入智能家居穿戴设备，如智能鞋、智能健康腕带等。NFC芯片可以装在智能手机上，并且已经成为智能手机的标配。使用具有NFC功能的手机可以方便读取其他NFC设备或标签的信息，并实现短距离交互通信。

NFC不仅可用于物品的识别定位、短距离数据传输，还能对智能家居的智能家电实现控制。此外，由于NFC安全性高，除了可用于手机支付，还可用在安防、门禁中等。

3.5.4 红外通信技术

红外通信技术利用红外技术实现两点间的近距离保密通信和信息转发，一般由红外发射系统和接收系统两部分组成。红外发射系统对红外辐射源进行调制后发射红外信号，接收系统通过光学装置和红外探测器接收信号，完成通信。

红外通信技术使用红外线通信。其实红外线也是一种电磁波，波长为750nm～1mm。红外线频率比微波高，但比可见光低，是一种人的眼睛看不到的光线。红外通信技术采用红外数据协会（IRDA）通信协议标准，采用波长为850～900nm的红外线。

尽管红外通信技术有许多局限性，如传输距离短、对传输方向性要求高、通信角度小等，但它具有通信稳定性好、保密性强、信息容量大、结构简单、成本低廉等特点，因此被广泛应用于智能家电的遥控控制等应用场合，在智能家居控制系统仍占有一席之地。

红外通信技术除了被用于智能家居中常见的遥控控制外，还可用于家庭安防的红外探测技术。目前，红外探测一般分为主动式红外探测和被动式红外探测。所谓主动式红外探测需要将红外线发射器部署在一端，并连续发出一束或多束经过调制处理的平行红外光束，这些红外光束被部署在另外一侧的红外线接收器接收并转换为数字信号，最后发送给报警控制装置。如果没有闯入物体，所有红外线被正常收到，则不需要报警；一旦有物体闯入部署的监测区域，部分红外线被阻挡，将被接收器觉察而触发报警。主动式红外探测可以安装在阳台、窗户等位置。

与主动式红外探测技术不同，被动式红外探测利用人体的红外能量与环境有差别这一特性，通过部署红外热释传感器对监控区域的红外能量进行监测，然后通过对监测能量的变化分析进行判断。被动式红外探测除了用于闯入报警，还用于人员的感知监测，判断是否有人在智能家居现场，以智能控制灯的开启与关闭等。

3.5.5 LiFi技术

LiFi（Light Fidelity）是一种基于光的新兴无线通信技术，结合了光的照明功能和数据通信功能。LiFi通信也称为可见光通信VLC（Visible Light Communication），随着白光发光二极管（LED）技术的发展，它正成为新一代无线通信技术的研究热点之一。LiFi概念最早由爱丁堡大学的德国物理学家Harald Hass教授在2011年10月提出，并首次将"VLC"称为"LiFi"。经过多年的努力，Harald Hass教授逐步将LiFi概念从实验室的理论变成了现实中的产品。新的LiFi产品，体积更加小巧，双向传输速率达40Mbit/s，并且能够在非直接光源，如光源背向或侧向环境中实现可靠的数据传输。

LiFi的主要技术优势如下：

1）方便、安全、环保。LiFi结合了日常的光照需要，因此特别便于在使用照明的环境中进行无线通信应用。LiFi安全性高，因为无线通信方式容易被侵入，但可见光通信不能够穿墙，可以限制在一个相对安全的网络隐私空间。LiFi通信没有电磁波，不会对环境和人产生污染，因此更加绿色环保。

2）大容量、高效率。目前，随着无线通信应用设备的大量增加，无线电波的频谱已经非常拥挤，为进一步的应用带来了困难。而可见光的频谱宽度（约400THz）比无线电波宽10000倍，开发空间巨大。此外，相对于无线通信，LiFi结合了照明需要，通信效率更高。

3）高传输速率。尽管LiFi目前的通信速率不高，但其潜力大。从理论上讲，如果充分利用光谱的带宽，可以达到100Gbit/s以上的速度。因此，随着LiFi通信技术的发展与突破，LiFi高传输速率的优势将更加明显。目前，已经有实时通信将其数据传输速率提高至50Gbit/s，相当于0.2s即可下载一部高清电影。

LiFi技术属于智能家居中最后10m的通信技术，随着技术的发展，应用会更多。如果能够结合电力载波技术的发展，将传输和控制借力家庭原有的电力能源照明系统，将有更广阔的前景。

3.6 智能家居互联网接入技术

3.6.1 智能家居+互联网

智能家居是物联网的一种具体应用形式，而物联网又称为IOT（Internet of Things）。正如物联网一样，智能家居既是一个局域网络（将智能家居范围内的所有智能家电组成一个局部的网络），同时又需要连接到互联网中，才能充分实现智能家居智能化的优势。

那么，智能家居作为一个局域网，既然可以实现一定智能的控制，又是什么原因使其需要连接到互联网上呢？就目前而言，应该有如下几个原因。

1）远程控制的需要。智能家居的许多应用，如智能家居安防，孩子及老人的远程监控，远程控制热水器、电饭煲等智能家电，需要实现远程控制。当然，如果距离在无线通信的控制范围内，可以直接使用长距离低功耗无线通信实现，如NB-IOT、LoRa和Wi-Fi Halow等技术。在很多情况下，当不能够使用上述技术时，就需要借助互联网实现远程监测和控制。

2）智能家居连入云端的需要。智能化应该是智能家居未来最具有潜力的发展优势，可以说，其智能化程度越高，被社会和普通家庭接受的程度就越高，市场潜力也越大。然而，就目前而言，智能家居还处于发展的初级阶段，其智能化的潜力还远远没有发挥出来，智能家居的一些初级产品也被用户戏称为"伪智能"。智能家居智能化的发展，一方面需要在智能家电末端实现本地智能化，通过嵌入到智能化设备终端来实现。另外一方面，需要将本地局部的网络连接到互联网上，通过居于互联网的智能家居的云端，给智能家居注入外部智能。比如目前已经实现的利用语言控制智能家电，不论苹果的Siri还是亚马逊的Alexa，都需要依赖居于云端的人工智能技术（如机器学习、深度学习、强化学习等）。仅依赖本地化的智能，目前还不能满足智能化的需要。可以预见，未来更多智能家居本地智能的实现，需要来自云端的"智能池"的协助，因此智能家居需要连接外部的互联网。

3）智能家居IP化的需要。不管智能家居还是物联网应用，在硬件连接到互联网的过程中，本身都还是一个相对封闭的自控系统。如智能家居，其所涉及的智能家电需要组成一个局部化的网络系统。理想状态是，所有智能家居的智能化设备都使用标准统一的协议，因为只有真正实现智能设备间的互联互通，才能更好地实现一个统一的系统。但现实情况是，智能家居的碎片化蚕食过程，主要通过各种智能化家电来实现，而生产智能化家电的厂商不可能在发展初期使用统一的协议。拿短距离无线通信协议来说，蓝牙、Wi-Fi、Z-Wave、ZigBee等技术，目前而言很难实现互联互通。因此，目前智能家居智能设备碎片化割据的现实是，如果无法实现智能设备间的互联互通，就无法实现智能家居系统下的智能化。因此，智能家居设备IP化，除了要借助云端"智慧"增强本地化的智能化之外，还要实现智能化设备在互联网层面上更好的互联互通。需要说明是，智能化家电设备互联互通，在目前情况下，并非追求单一的互联网层面上的互联互通，而是本地化短距离无线互联互通和互联网层面互联互通相互结合的具体实现。

3.6.2 6LowPAN技术

6LowPAN（IPV6 over Low power Wireless Personal Area Networks）技术是基

于IEEE 802.15.4标准和IPV6（Internet Protocol Version 6）将低功率无线个域网（Low power Wireless Personal Area Networks）连接到互联网中的技术。

IEEE 802.15.4标准主要针对低速率、低功耗的小型嵌入式传感设备，并能够使设备使用干电池供电连续工作1年以上。IEEE 802.15.4标准是可扩展性的协议标准，规定了物理层（PHY）和媒体访问控制（MAC）层标准，网络层及应用层等可以根据实际需要，进一步开发设计。如ZigBee技术就是一种基于IEEE 802.15.4标准开发的短距离无线通信技术。

IPV6是下一代互联网协议，用于替代IPV4协议，主要为了解决IPV4所面临的地址资源枯竭问题，尤其为了应对越来越多的智能物体（Smart things）连接到互联网上的趋势。IPV6采用128位地址长度，而IPV4采用的是32位地址长度。IPV4理论上能够提供的地址上限是43亿个，而IPV6地址可包含约43亿×43亿×43亿×43亿个地址节点，足已满足任何可预计的地址空间分配。

6LowPAN工作组在2004年11月成立，主要为了实现将低功耗和低处理能力的智能物体直接连接到Internet上去。6LowPAN解决了许多关键问题，如IPV6和IEEE 802.15.4的协调问题。IEEE 802.15.4标准定义的MAC载荷最大长度为102字节，而在IPV6中MAC载荷最大为1280字节。IEEE 802.15.4帧不能封装到完整的IPV6数据包中，因此要在网络层与MAC层之间引入适配层，利用分片和重组的功能将IPV6数据适配到更小的802.15.4有效载荷中。其他解决的问题包括地址配置和地址管理、网络管理、安全问题等。

6LowPAN技术具有无线低功耗、自组织网络的特点，配置了6LowPAN的节点可以像个人计算机一样接入到互联网中，可以从互联网上方便地访问任何一个节点，因此不再依赖复杂的智能网关。

6LowPAN具有廉价、便捷、实用等特点，在智能家居领域已经得到应用。比如发展趋势看好的Thread协议集成了6LowPAN技术。Thread是由Google旗下的Nest Labs在2014年7月提出的一种基于IP的低功耗无线短距离网络通信协议，支持IPV6的6LowPAN技术可使设备超低功耗运行数年。Thread已经与ZigBee 3.0达成互通协议，ZigBee3.0设备能够在Thread组建的网络上以应用层的方式运行。可以预见，6LowPAN作为短距离无线通信以IP方式接入互联网的领跑者，正在一步步走入智能家居应用领域。

3.6.3 Thread技术

1. Thread技术简介

尽管在智能家居领域的短距离无线通信技术中已经有蓝牙、ZigBee、Z-Wave和Wi-Fi等技术，并且各自占有一定市场和产品，但随着智能家居的发展需要，各种技术都有一定不足。除了Z-Wave之外，其他技术并非专门为智能家居而设计，而Z-Wave暂时没有ZigBee联盟强大，其市场占有率和影响力有待加强，况且它不是基于IP的协议。在各种技术中，唯有Wi-Fi可以直接连接到互联网，适合高速传输大量的数据，但它的功耗较大。蓝牙功耗较低，且蓝牙4.2提出支持IPV6和6LowPAN，其IP支持奠定了基础，但其能够组成网状网的协议仍未得到广泛的应用。

ZigBee虽然影响力和市场占有率大，并且已经公布了ZigBee 3.0，试图统一协议，实现互联互通的梦想，但其总体技术比较复杂，研发成本较高。更为关键的是，尽管ZigBee可以组成网状网，但仍然没有实现将每台设备连接到互联网，不是基于IP的协议。因此，尽管ZigBee技术可以方便地组网，但不能直接接入互联网的云端，而需要先接入具有Wi-Fi功能的智能网关、智能路由器等具备桥接功能的控制中枢。

Thread就是在这样的背景下，专门为智能家居设计的互联网接入协议。Thread是由Google的Nest Labs联合三星、Nest、ARM、Big Ass Fans、飞思卡尔和Silicon Labs 7家公司共同推出的一种基于IP的短距离无线网络协议，目的在于建立一个新的统一的标准。Thread是一个基于开放标准构建的面向低功耗IEEE 802.15.4网状网的IPV6联网协议。使用Thread协议，数以百计的智能家居设备可方便而安全地相互连接并直接连接到云端。

Thread建立在IEEE 802.15.4的基础上，运行在2.4GHz频段，使用6LowPAN技术支持 IPV6，是一个开放协议。该技术可以支持250个左右的智能设备同时联网，能够覆盖智能家居中所有的灯泡、开关、传感器和智能设备等。Thread优化了功耗，能够超低能耗运行长达数年。Thread是网络层协议，在应用层能够运行ZigBee设备，原有的ZigBee设备只需更新软件即可兼容Thread 。在2015年4月，ZigBee联盟与Thread Group发表联合声明，宣布将ZigBee应用层协议（即ZigBee Cluster Library，ZCL）运行于Thread网络之上。未来推出基于Thread技术设备的包括三星、Tyco、D-Link、华为和HTC、Silicon Labs等著名企业。

2. Thread协议结构

Thread协议主要由6LowPAN、IPV6/IP routing和UDP三部分组成，整个Thread建立在IEEE 802.15.4MAC和硬件物理层的基础上，应用层协议留给了各个应用厂商开发，如可以运行各类实时通信协议如XMPP、CoAP以及MQTT等。

3. Thread组网情况

典型的Thread网络情况如图3-11和图3-12所示，主要由设备节点、路由器节点和边界路由器节点组成。路由器节点支持形成网状网，即家庭局域网络（Thread-based

Home Area Network，HAN）。构建该网络的第一个路由器节点自动地被指定为Leader节点。Leader节点负责执行额外的网络管理任务，并代表网络做出决定。网络中的其他路由器节点也能够自动地担任Leader的角色，但在一段时间内每一个网络中仅能有一个Leader路由器节点。路由器节点组成网状网的主干，设备节点以路由器节点为父节点，挂在它们下边。

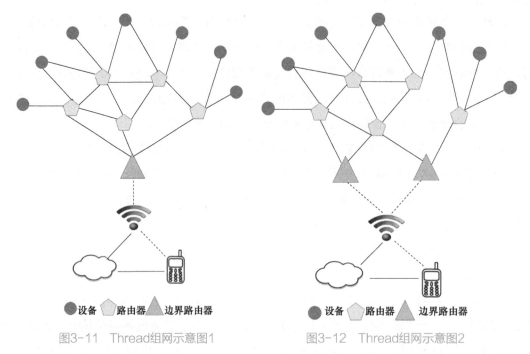

图3-11　Thread组网示意图1　　　　图3-12　Thread组网示意图2

设备节点不具备路由器功能，它们只能与具备路由器功能的父节点进行信息传递，其路由器功能将由父节点负责，并通过父节点进行路由器通信，因此它能够进入休眠状态以减少功耗。不能与它们的父节点通信的节点在多次尝试后将自动扫描并连接到新的父节点上。

边界路由器（Board Router）作为家庭局域网络与互联网联通的桥梁，边界路由器通过Wi-Fi连接或者直接连接到互联网中。Thread网络中所有设备都具有一个IPV6地址，并且能够被家庭局域网中的本地设备或边界路由器直接访问。因此，通过边界路由器，智能家居网络能够轻松加入互联网的云端，并且方便地使用智能手机等与智能家居互动。

3.7 本章小结

本章主要介绍了智能家居的通信与组网技术，包括智能家居的有线通信技术和无线通信技术。有线通信技术主要介绍了现场总线技术、电力载波技术等。无线通信技术包括短距离无线通信技术，如蓝牙技术、Wi-Fi技术、ZigBee技术、Z-Wave技术等。长距离低功耗无线通信技术主要介绍了NB-IOT技术、LoRa技术和SigFox技术。此外，还介绍了智能家居用到的其他一些无线通信技术，如UWB技术、NFC技术、RFID技术和LiFi光通信技术。在本章的最后，介绍了智能家居接入互联网的技术，如6LowPAN技术和Thread技术。

智能家居通信与组网技术是关键的技术之一，其技术种类多，这与智能家居应用的多样性有关，也与智能家居的逐步发展和市场的形成有关。众多技术的采用，尽管满足了应用与市场的需要，但也造成了标准不统一的问题以及需要互联互通满足构造智能家居系统的需要。这部分内容，将在下章进行介绍。

思考题

1）智能家居的有线通信技术主要有哪些？
2）智能家居无线通信技术主要有哪些？
3）简单比较各种短距离无线通信技术的优缺点。
4）简述蓝牙技术的主要特点。
5）简述ZigBee技术的主要特点。
6）简述各种长距离无线通信技术的主要特点。

实训3 ZigBee智能设备组网实训

1. 实训目的
1）了解智能家居网络的基本构成。
2）了解智能家居组网的基本概念。

2. 实训设备
实训箱或智能家居实训套件、PC1台、无线节点2个，相应配套软件1套。

3. 关键知识点
1）传感器的基本概念。
2）无线节点的基本概念。
3）网络传输的基本概念。
4）无线组网的基本概念。

4. 实训内容
利用两无线节点，通过配置、联网，实现无线数据传输。

5. 实训总结
通过本实训对简单智能家居无线组网的应用控制有了感性认识，对传感器、无线节点、无线组网、数据传输及控制等有了初步认识。

第4章

CHAPTER 4

智能家居的智能化技术

　　正如其他物联网的应用一样，智能家居技术也遵循"感知、数据传输、数据处理与应用"这三个层面。智能家居的智能化技术主要解决数据处理与应用这个层面的问题。具体来讲，智能家居的智能化技术主要围绕智能家居智能化的实现所需要的智能数据处理技术、智能化控制技术、智能化云技术、人工智能技术、智能家居安全与隐私保护、室内定位等智能化应用技术。

4.1 智能化技术概述

　　围绕智能家居智能化功能的实现，智能化的技术很多，并且从智能家居的发展历程来讲，所谓智能化也在不断推进和变化，但其遵循的主线仍然如物联网一样，即利用感知和网络技术，利用智能物体的虚拟化将人类智能或者说智慧嵌入到应用中，以满足人类对于家居生活质量的不断追求，更好地为人类服务，造福于人和社会。

　　智能家居的智能化从技术层面上主要体现在三个方面：智能家居智能化控制技术、智能化数据处理技术、智能家居安全与隐私保护技术。智能家居智能化控制技术主要实现对智能家居系统的有效控制。围绕智能家居本地化系统可靠工作而体现的各种技术，包括智能化设备的互联互通、智能网关技术、智能家居控制中心、智能家居操作系统等。

　　智能家居智能化数据处理技术主要是指围绕感知数据的智能化处理，满足更智能的智能化需要而采取的各种技术，包括数据本地化处理雾计算技术、智能家居云端技术、人工智能技术在智能家居中的应用等。可以说，智能家居与物联网一样，在满足基本的物体感知与联网之后，最为困难但却最具有发展潜力的无疑是数据的智能化处理与应用技术。尤其是，随着人工智能技术的飞速发展，"数据+云端+智能计算"一定会给智能家居的智能化应用带来新的发展和体验。

将智能家居安全与隐私保护作为智能家居智能化单独的一部分，主要原因在于，正如其他任何技术应用的发展轨迹一样，随着智能家居应用的普及与发展，安全与隐私保护的短板会逐步暴露，尤应加以重视，加快发展。不然，一个智能化水平很高的智能家居系统最终会因为安全保护的脆弱而毁于一旦。尤为重要的是，智能家居的直接服务对象就是人本身，有些智能家电会直接影响使用者的自身安全，因此其安全性更为重要。此外，隐私保护也是智能家居需要解决的问题。在本章的最后，还将介绍室内定位等智能化应用技术。

4.2 智能家居互联互通技术

4.2.1 互联互通语言

由于智能家居应用的多样性以及无线通信技术具有各自的优势，加之在智能家居系统中多种技术共存但缺乏统一的标准，这都为其互联互通带来了困难。但本质上，智能家居是一个控制系统，如果系统中的智能设备不能够实现互联互通，则必然造成碎片化割裂，没法形成系统，实现智能化控制。因此，互联互通是解决智能家居碎片化的一个办法。

智能家居互联互通技术，除了互联互通语言，其他还有如智能网关技术、操作系统以及云端的控制中心等，需要协同完成智能家居的互联互通。智能家居的互联互通是智能家居未来发展的一个趋势，这是智能家居从单品智能、场景智能逐步发展到系统智能、人工智能的必然过程。这其中，智能家居的标准化是一个重要的制约因素，但是标准化的发展也需要一个过程，因此在现阶段，这些技术正是实现这个目标的重要基础。

如物联网一样，智能物体的互联互通是实现物联网的关键基础，尤其是在智能家居应用领域，如何实现有效的互联互通是实现智能化控制的前提。由于智能家居的智能物体与物联网的智能物体具有很多相同之处，因此这些语言本身也是物联网的互联互通语言。本节主要介绍智能家居互联互通语言dotdot和Weave。

1. dotdot

ZigBee联盟2017年1月在国际消费类电子产品展览会CES 2017（International Consumer Electronics Show）上发布了可跨网协作IOT通用语言：dotdot。对于ZigBee而言，这标志着基于ZigBee技术的新标准有了新的应用层协议dotdot，在物联网及智能家居应用的生态建立及开放性方面有了新的突破。早在2016年5月，ZigBee联盟发布了ZigBee 3.0，对原有的多个协议进行了统一，旨在实现所有基于ZigBee应用层各种协议的智能产品之间的互联互通。此外，ZigBee联盟与Thread联盟共同宣布ZigBee 3.0应用层协议将运行在Thread构建的网络上，并展示了使用ZigBee联盟IOT通用语言dotdot，同时能够运行在Thread IP网络上的首批产品。

ZigBee联盟可跨网协作IOT通用语言dotdot，建立在使用dotdot语言的应用层，该应用层运行在其他网络协议上，如ZigBee、Thread协议等。这样，不论智能设备在底层运行什么样的无线通信协议，在应用层使用dotdot语言都可以实现智能设备的互联互通。尽管基于dotdot语言开发的应用层可以嫁接在其他无线通信技术之上，但由于各种技术间的相互竞争，其他无线通信技术对于dotdot的采用还有待于市场的检验。不过考虑到ZigBee联盟遍布全球的400多个成员和多样化供应链的支持，相信dotdot语言能够对智能物体互联互通带来新的推进。ZigBee联盟将在2017年对dotdot的更多细节，包括规格、认证和标志方案等进行公布。

2. Weave

Weave是一个低功耗、低带宽、低延迟、安全的设备间通信协议，最初由Nest公司开发，谷歌在I/O 2015大会上正式发布Weave协议，同时发布的还有Google的物联网操作系统Brillo。Weave的框架结构如图4-1所示，它属于应用层的协议，并且与ZigBee协议一样，以IEEE 802.15.4为基础。正如其他通用语言一样，它可以运行于多种无线短距离通信协议上，担当起通用语言互联互通智能物体的角色。

图4-1 Weave的框架结构

Weave的主要特点如下：

1）跨平台。Weave是一种通用语言，那么它必须不依赖于任何通信协议，并能够运行在多种通信协议上。因此，它可以运行在Thread、Wi-Fi、蓝牙、ZigBee等常见的通信协议上，经过改进的Weave协议甚至可运行在以太网上。因此，Weave理论上只要求其他操作系统底层提供Weave所需的最基本函数接口，它便可以移植到任意操作系统上和通信协议中。

2）基于IP。Weave支持IPV6，因此借助Thread，既可以实现网状网内部设备间的直接通信，又能利用云端进行间接通信。如借助Wi-Fi路由器连接到云端控制中心，可以通过"设备、路由器、云端、路由器、设备"进行通信。这两种方式的结合，满足了对低时延应用的需要，而对于另外一些应用，即使是不在同一个智能家庭网络中的设备，也可以通过Weave网络实现相互通信。

3）安全性高。Weave可对所有传输信息进行加密，以保证信息传输的安全性。此外，它还能将不同设备分成不同的类别，如按照照明、门禁、恒温器等进行分类，针对不同的类别使用不同的密钥进行信息加密，防止利用不同类别之间的漏洞进行相互攻击，增强了安全保护。

4）开放性好。Weave开放了大部分代码，而且采用了相对宽松的BSD协议，目的在于充分利用开源模式构建生态圈。Weave还对常见的智能家居设备制定了固定的操作命令集，并设计了对应的认证机制，以保证使用Weave可以相互操作。

应该看到，智能家居互联互通通用语言建立在原有的技术之上，因此需要强大的市场基础作为支撑。而由于技术的竞争，目前ZigBee也推出了dotdot通用语言。如何让市场接受，并占有市场是成功的关键。随着Weave和dotdot的推出，智能家居互联互通的脚步又迈进了一步，这对于由于技术壁垒造成的智能家居碎片化的问题的解决有正面的意义。

4.2.2　智能家居操作系统

智能家居是物联网的一种应用，因此物联网的操作系统可以应用于智能家居领域。但由于智能家居和物联网一样，发展还处于初级阶段，因此没有非常成熟的智能家居或者物联网的操作系统。本节选择和智能家居操作系统最为接近的谷歌Android Thing、海尔的智能家居操作系统UHomeOS和阿里的YunOS Home对智能家居相关的操作系统进行简单介绍。

1. 谷歌Android Things

谷歌在2014年花费32亿美元购入Nest，宣告强势进军物联网和智能家居市场之后，接着在2015年度I/O开发者大会上，宣布推出物联网操作系统Brillo。谷歌提出Brillo的初衷是试图建立物联网生态，减少物联网发展所面临的碎片化问题，同时增强智能物体的互联互通。

Brillo是轻量级的、非常基础的物联网设备底层操作系统，完全可以与安卓设备进行整合。Brillo可以使用Weave通信协议。Weave是谷歌的物联网设备之间的通信协议，可以运行在Thread协议上，因此可以直接访问云服务，如使用语音命令对智能设备进行控制等。通过Weave通信协议，Brillo除了可连接和控制智能家居中的如智能灯泡、智能插座、智能开关和恒温器等外，还能与其他设备如Belkin WeMo、First Alert、

Honeywell、LiFX、TP-Link和Wink等互相联通。

2016年12月，谷歌将Brillo更名为Android Things。Android Things基于Android，但Android一般需要在配置512MB内存的设备上运行，因此谷歌对通用的安卓操作系统进行了简化，定位运行在32MB或64MB内存的低功率智能设备上。谷歌同时公布了Android Things的开发者预览版本，包括Google Play Services、Google Cloud Platform、Android Studio和the Android Software Development Kit。新版操作系统将支持一系列物联网设备的计算平台，目前包括Intel Edison、NXP Pico以及Raspberry Pi 3等开发版。高通也宣布与谷歌在Android Things上展开合作，在高通骁龙处理器中加入对全新Android Things操作系统的支持。

Brillo使用的语言是C++，而Android Things统一使用Java，其开发平台使用Android Studio，这样开发用户就可以使用大量Android APIs，并能够访问和使用谷歌多种服务库。除此之外，Android Things加入了物联网支持库（Things Support Library），开发者能够利用协议和接口（如GPIO、PWM、I^2C、SPI、UART等）对传感器和执行器进行访问。使用用户驱动API（User Driver API），还可以给应用程序添加新的设备驱动程序然后注入到系统中，扩展物联网设备的功能。Android Things也支持模块化系统SoM（System-on-Modules），可以在片上系统SoC（System-on-Chip）中加入并使用如RAM、FLASH存储器、Wi-Fi、蓝牙等应用部件。

使用Android Things的好处，除了开发者熟悉开发环境、易于迅速开发以外，也许是可以充分利用谷歌原有的各类云服务。而这些基于智能物体的云服务，随着连接到云端的物体逐步增多，利用基于人工智能的深度学习等技术，其云服务能力将会越智能。另外一个非常重要的好处在于，利用Android Things统一标准开发的智能物体，其安全性将会大有提高并能得到保障，因为基于网络的物体，能够迅速填补发现的安全漏洞，并且实时更新，这对于未来不论物联网还是智能家居的安全应用都至关重要。

2. 海尔UHomeOS

海尔UHomeOS在2016年11月发布，是海尔提出的首个为智能家居定制的生态操作系统。UHomeOS利用其深耕智能家居领域的优势，其操作系统融合了互联互通、人工智能、大数据、安全体系、生态资源、账户体系等内容，具有自适应、自学习、自修复、自演进等特点，试图将人、家电及服务通过自有的智能家居生态有机融合在一起。该操作系统还具有良好的用户交互体验，远程软件自动升级及漏洞修复，远程诊断、运营参数调整等功能。

海尔早在2015年3月就正式推出U+智慧生活平台，围绕物联网时代的智慧家庭引领为目标，旨在实现跨品牌、跨行业的智能家居产品及服务的互联互通，建立智能家居的生态圈。随着海尔UHomeOS的推出，会加快U+智慧生活平台的普及与影响。不过，目前智能家居领域平台和生态建设方面竞争激烈，仅在国内就有许多，如美的在2015年也提出了

M-Smart智能家居系统，阿里巴巴早在2011年也提出阿里云YunOS的物联网终端操作系统。因此，尽管UHomeOS在跨品牌、跨产品的互联互通方面迈出了关键的一步，但鉴于目前智能家居割据的时代特征，要想能够真正突破行业现状，号召众多企业参与，也不是一件容易的事情。

3. 阿里YunOS Home

YunOS Home智能家居操作系统由YunOS推出，目前主要围绕厨卫、环境、健康、安防、影音等智能家居产品，依托大数据和云计算技术，为用户开启全新的智能家居生活方式。比如在厨房，YunOS Home可以依托互联网电冰箱构建厨房服务生态环境，建立家庭健康数据，科学规划健康餐饮生活，甚至可以依托自动社区智能购物服务，完善智能厨房自动购物生态链。

YunOS Home是阿里巴巴集团旗下一款基于物联网的智能操作系统，它融合了阿里巴巴在云数据存储、云计算服务以及智能设备操作系统等多领域的优势，可以覆盖智能手机、智能穿戴设备、互联网汽车、智能家居等一系列智能终端设备，并谋求打造一个统一系统的物联网应用大生态圈。数据显示，截至2016年7月，搭载YunOS的物联网终端已经突破1亿个。

4.3 智能家居云端技术

智能家居系统原本是一个封闭的控制系统，智能家居产生的数据需要管理和处理，这主要依赖数据的本地化处理及控制。但随着物联网概念的兴起，智能家居也从一个相对封闭的系统变为开放的系统，利用云计算技术可以在远端对海量数据进行存储与处理，进而利用大数据技术、人工智能技术、机器学习及数据挖掘技术等对数据进行智能化应用。

智能家居利用云端技术可以解决自我封闭系统的一些弊端，并且可以充分利用云端强大的数据存储及处理能力，尤其是其所衍生的数据智能，最大化地提高智能家居的智能化应用水平。从结构上讲，基于云端的智能家居系统主要由云计算技术构造的云平台、智能家居设备和控制端三部分组成。控制端目前主要有手机控制终端APP，如谷歌的HomeKit，各类智能网关、路由器构成的控制终端等以及智能语言控制终端，如亚马逊的Echo音箱等。

4.3.1 云计算技术

1. 基本概念及主要特点

云计算（Cloud Computing）是将本地化的计算任务投放到云端的一种计算方式。一般而言，计算任务包括数据和计算两部分内容。所谓云端，其实是通过网络连接起来大量的由计算机和软件构成的分布的计算资源。分布一方面意味着大量的计算机及资源未必需要在地理位置上紧挨在一起；另一方面，分布是大量计算机实现大规模计算能力的一种组织协调方式。

云计算也可以简单地理解为可以通过网络连接的一个远端的数据存储及处理中心，中心负责接收计算任务，根据任务要求自动配置、管理各类所需的资源，然后将计算结果提交给任务分配者。因此，这种云的概念，尽管由实际的包括计算机在内的硬件设备、软件及网络组成，但对于使用者而言，计算已经成为一种可以像煤气和自来水一样随取随用的服务。它们似乎是不需要看得见的，用户所知道的，仅仅是云计算能够提供计算的能力和服务。

云计算技术最早来自于网格计算（Grid Computing）、分布式计算（Distributed Computing）、并行计算（Parallel Computing）、效用计算（Utility Computing）、网络存储（Network Storage Technologies）、虚拟化（Virtualization）、负载均衡（Load Balance）等传统计算机和网络技术发展融合的产物。通过将计算分配给大量的分布式计算机而非本地计算机或远程服务器，企业能够将资源切换到需要的应用上，根据需求访问计算机和存储系统，享用云计算所提供的计算服务。

一般认为，云计算有狭义和广义之分。狭义云计算强调IT基础设施的交付和使用模式，通过网络以按需、易扩展的方式获得所需资源。广义云计算强调服务的交付和使用模式，指通过网络以按需、易扩展的方式获得所需服务。云计算中的"云"是网络和互联网的一种比喻说法，在云计算里，可能由数量众多的计算机和服务器连接成为一片"计算机云"，而云计算提供的运算能力可能达到每秒万亿次的运算速度，能够实现按需求提供运算。

2. 云计算的主要特点

1）虚拟化及按需服务。云计算将计算资源虚拟化，通过网络用户可以在任意位置、使用各种终端获取云计算服务。计算资源来自"云"端，对用户而言好像不是固定的、有形的实体。应用在"云"中运行，但用户无需了解应用运行的具体位置，仅通过网络服务获取各种能力超强的服务即可。因此，"云"计算类似一个庞大的资源池，用户可以根据需要购买，并像购买自来水、电和煤气那样计费。

2）高可靠性及价格低廉。"云"使用了数据多副本容错、计算节点同构可互换等措施来保障服务的高可靠性，使用云计算甚至比使用本地计算机更加可靠。此外，"云"的自动化管理使数据中心管理成本大幅降低，"云"的公用性和通用性使资源的利用率大幅提升，"云"设施可以建在电力资源丰富的地区，从而大幅降低能源成本。用户仅需要花费几百美元、一天时间就能完成以前需要数万美元、数月时间才能完成的数据处理任务。

3）超大规模、通用性及扩展性。"云"具有相当的规模，比如Google云计算已经拥有上百万台服务器，亚马逊、IBM、微软等公司的"云"也拥有几十万台服务器。超大规模的"云"能赋予用户前所未有的计算能力。云计算不针对特定的应用，在"云"的支撑下可以满足千变万化的应用需求，同一片"云"可以同时支撑不同的应用运行。"云"的规模可以动态伸缩，以满足应用和用户规模增长的需要。

3. 云服务基本类型

云服务的基本类型如图4-2所示，主要分为设施即服务（IaaS）、平台即服务（PaaS）和软件即服务（SaaS）三种类型。需要说明的是，随着云计算的深化发展，不同云计算解决方案之间相互渗透融合，同一种产品往往横跨两种以上云服务类型。

图4-2 云服务基本类型

设施即服务IaaS将硬件设备等基础资源封装成服务供用户使用。在IaaS环境中，用户相当于在使用裸机和磁盘，既可以让它运行Windows操作系统，也可以让它运行Linux操作系统，因而几乎可以做任何想做的事情，但用户必须考虑如何才能让多台机器协同工作起来。如亚马逊云计算AWS（Amazon Web Services）的弹性计算云，还提供了在节点之间互通消息的接口简单队列服务SQS（Simple Queue Service）。IaaS最大的优势在于它允许用户动态申请或释放节点，并按使用量计费。运行IaaS的服务器规模可以达到几十万台之多，用户能够申请的资源几乎可以是无限的，因而具有更高的资源利用效率。

平台即服务（PaaS）更进一步对资源进行了抽象，向用户提供应用程序的运行环境，典型的如Google App Engine、微软的云计算操作系统Microsoft Windows Azure等。PaaS自身负责资源的动态扩展和容错管理，用户应用程序不必过多考虑节点间的配合问题，不过用户的自主权降低，必须使用特定的编程环境并遵照特定的编程模型，适用于解决某些特定的计算问题。例如，Google App Engine只允许使用Python和Java语言，调用Google App Engine SDK等来开发在线应用服务等。

软件即服务（SaaS）将某些特定应用软件功能封装成服务。SaaS既不像PaaS一样提供计算或存储资源类型的服务，也不像IaaS一样提供运行用户自定义应用程序的环境，它只提供某些专门用途的服务供调用。不过，对于一些小型企业，SaaS是采用先进技术的最好途径。SaaS 应用软件服务价格，一般包含了通常的应用软件许可证费、软件维护费以及技术支持费，用户仅需要交月租用费，就可以随时随地使用其定购的软件和服务。

4.3.2　雾计算技术

雾计算（Fog Computing）是随着云计算技术发展而延伸出的概念，它采用分布式的计算方式，将计算、通信、控制和存储资源与服务分给用户或靠近用户的设备与系统。雾计算主要用于管理联网的传感器和边缘设备的数据，将数据、处理和应用程序放置在网络边缘的设备中，并不全部保存在云端数据中心。因此，雾计算扩大了云计算的网络计算模式，将部分网络计算从网络中心扩展到了网络边缘，从而更加广泛地应用于各类服务。为推动雾计算及物联网的发展，2015年11月，ARM、戴尔、英特尔、微软等几大科技公司以及普林斯顿大学，成立了非赢利性组织OpenFog Consortium。

雾计算概念的提出，与物联网和传感器网络的应用发展关系密切。与一般的数据不同，大量物联网数据具有实时性，很多数据需要系统即时响应。此外，智能物体的数量和采集数据的规模巨大，如果所有的数据都存储和运算在云端，不仅效率不高，对应云端的压力也大。而通过雾计算，大量实时产生的数据没有必要全部上传到云端，然后再从云端传回来，而将那些需要靠近智能物体的数据在网络的边缘直接进行有效处理，使用户可以在本地分析和管理数据，并进行控制使用，从而提高数据处理效率。对于雾计算和边缘网络中的设备，可以是早已部署在网络中的路由器、交换机、网关，也可以是专门部署的本地服务器等。

1. 使用雾计算的优势

1）降低时延、提高效率。随着物联网应用的发展，越来越多的智能设备连接到了互联网上，实时监测的智能设备会发送和接收大量的数据，有可能造成数据中心和终端之间的输入输出瓶颈，数据传输的延时会增长，导致对实时响应要求高的设备无法正常工作。如在智能家居中，安防报警、煤气泄漏等应用，必须得到立即响应和处理，以最大化地减少损失。利用智能家居末端的计算实现控制，可以提高效率，降低响应时延。

2）降低能耗。云计算技术把所有数据放到云端进行计算或存储，其代价是大量的电能消耗。而目前数据中心的用电效率不高，耗电量惊人。据数据显示，仅谷歌全球数据中心的用电功率就达3亿W，超过了3万户美国家庭的总用电量。此外，由于传感器价格低廉，存在大量的错误感知数据，而这些数据如果全部传入云端，不仅浪费云端资源，其有效性也会大大降低。

3）增强安全性。随着物联网及智能家居应用的逐步普及，基于物联网的安全问题开始凸现出来，利用物联网智能硬件的漏洞发起攻击将导致大规模的网络破坏。而限于智能物体有限的能耗和计算能力，解决物联网的安全问题尤为困难。雾计算最为接近智能物体终端，利用雾计算并结合智能物体，可以设计并执行最为有效的安全防御措施，增强物联网和智能家居应用的安全性。

4）提高数据处理能力。应用物联网及智能家居时，须部署大量实时采集数据的传感器，并且多数传感器采集数据的频率很高，有些几秒就要采集一次，因此会产生海量的传感器数据。实时采集的数据，一方面由于传感器本身的限制，其精确度比较低；另外一方面，采集数据的目的是基于应用的。有些应用需要立即对数据进行处理，有些应用数据尽管采样频率较高，但属于日常监测，数据具有时效性，如温度，如果测量结果正常，则高频率的采集数据并不需要立即上传或者全部上传。此时，采用雾计算可以在本地有效处理初步数据，然后根据需要上传远端。对于要求响应快的数据，不需要上传云端，应优先在本地处理决策并进行响应控制，这样可增强数据处理的有效性。

2. 使用雾计算需要解决的问题

1）云计算与雾计算相结合。尽管云计算和雾计算处理数据的方式和目的有所不同，但都是为了提高智能设备的数据处理能力，增强智能应用的智能化水平。因此，需要针对具体应用，合理分配两种计算，从而使云端和雾端的计算实现无缝对接、协同高效工作。尤其对于智能家居应用而言，需要本地化计算与云端计算的有机结合，以将两种运算的优势充分利用并结合起来。

2）具备雾计算能力智能终端的设计。与云计算概念的强调集中化不同，雾计算的概念着力分布式智能，以满足物联网应用或者智能家居应用对更低延时、更高安全性、更低功耗和更高可靠性的要求。而实现这种要求的前提在于终端智能设备的重构。雾计算将计算能力，特别是智能化的计算能力中心下移。对于智能家居等应用，个体的智能物体本身是感知与执行相结合的实体，在这一层面实现雾计算，需要智能物体的智能能够满足分布式智能的需要。但智能物体又有着现实的局限，如运算能力、能耗限制、尺度大小等。但毫无疑问，要想实现智能家居的智能化，未来对于智能物体的智能化要求就会更高，不会仅具有感知、数据传输、命令执行等简单的行为。因此，设计能够满足分布式智能概念的雾计算传感器非常有必要。

除此之外，将更多智能沉降在智能设备这一层，也需要设计更多新的、根据实际情况进行最优化设计的雾计算软件。因为考虑到成本等问题，智能设备需要在空间、功耗、尺寸、可靠性、精度等方面进行折中。但利用网络和分布式终端智能及精巧软件的优化，能够在依赖传感器的基础上，更好地实时掌握智能设备的状态，并通过雾计算使数据和控制变得更加可靠有效。

4.4 智能家居人工智能技术

4.4.1 人工智能基本概念

人工智能（Artificial Intelligence，AI）是研究模拟、延伸或者扩展人的智能的理论、方法、技术并进行应用的一门新的技术科学。人工智能也是计算机科学的一个分支，该技术探究智能的实质，并研究能够以人类智能的方式做出反应的智能机器，包括机器人、语言识别、图像识别、自然语言处理和专家系统等。

1956年夏，一群年轻的科学家，包括麦卡赛、明斯基、罗切斯特和申农等，共同研究和探讨用机器模拟智能的有关问题，并首次提出了"人工智能"这一概念。人工智能是对人的意识、思维的信息过程的一种模拟。美国斯坦福大学著名的人工智能研究中心尼尔逊教授认为，"人工智能是关于知识的学科，也就是怎样表示知识以及怎样获得知识并使用知识的科学"。而美国麻省理工学院的温斯顿教授认为，"人工智能就是研究如何使计算机去做过去只有人才能做的智能工作"。

尽管对人工智能的精确定义目前还没有达成共识，但是一般认为人工智能研究人类智能活动的规律，构造具有一定智能的人工系统，研究如何让计算机去完成以往需要人的智力才能胜任的工作，也就是研究如何应用计算机的软硬件来模拟人类某些智能行为的基本理论、方法和技术。

尽管已经研究人工智能几十年了，但真正引起轩然大波的应该是2016年3月展开的人机围棋大赛，围棋九段李世石1:4败于人工智能AlphaGo。2016年12月底，第二代AlphaGo二次出山，60胜对决人类，再次"炒热"人工智能。从技术上讲，应该有几个因素推动了人工智能的革命，其中最为重要的是基于云计算技术和基于大范围网络数据采集支持的机器学习系统的日渐成熟。深度学习（Deep Learning）可以说是机器学习领域的一次重大飞跃，它通过使用反向传播算法实现自适应人工神经网络训练。

可以说，深度学习、强化学习等新的算法的出现，结合大规模海量数据和超快的计算能力，三个因素共同努力，推动了传感、视觉、物体识别等领域人工智能硬件技术的发展。比如，从数据量上，过去达到几千就认为比较大了，而现在很多公司动辄使用百万级别的数量级，甚至达到千万级别、上亿级别。在运算能力上，专为深度学习等设计的具有高度并行结构和高效快速连接能力的GPU，使得计算能力大为增强，过去训练一个三层模型的神经网络需要3周的时间，而现在训练一个几十层模型的神经网络仅仅需要一周左右的时间。

人工智能的发展并非一帆风顺，最早的起源可以追溯到"人工智能之父"阿兰·图灵。他在1950年发表论文"计算机器与智能""机器能思考吗"，并提出著名的"图灵测试"：如果第三者无法辨别人类与人工智能机器反应的差别，则可以断定该机器具备人工智能。1956年的达特茅斯会议正式标志着"人工智能"概念的诞生。此后，人工智能的发展起起落落，经历了多个黄金发展期和寒冬期，目前又进入一波快速发展黄金期。

1）第一个发展期（1956~1974年）。这段时期，人工智能取得了较大发展和突破，在问题求解和语言处理方面取得了进展，如发明了通用解题机GPS、LISP人工智能语音和增强学习的雏形贝尔曼公式等。美国的DARPA每年为人工智能研究提供至少300万美元的经费。

2）第一个寒冬（1974~1980年）。人工智能的很多计算的复杂度以指数程度增加，局限于当时计算机的运算能力而无法完成。此外，当时神经网络和感知器的数学模型被发现存在重要缺陷，只能做简单、专门并且范围很窄的任务。因此，当时社会对于人工智能普遍预期下降，投资减少，人工智能发展遇到了阻碍，进入第一个寒冬期。

3）第二个发展期（1980~1987年）。这个时期，随着人工智能专家系统的商用价值被广泛接受，企业订单增多，人工智能研究开始复苏。专家系统虽然必须聚焦于非常具体的领域，但它具有决策能力，非常有实用价值。如卡耐基·梅隆大学在1980年为DEC公司制造的专家系统为该公司每年节约了4000万美元左右的费用。此外，人工智能在数学模型方面也获得了突破，如在1986年提出了著名的多层神经网络和BP反向传播算法等。

4）第二个寒冬（1987~1993年）。人工智能的寒冬再次降临起因于1987年苹果和IBM开始发力台式机和个人计算机市场，而专家系统被认为是昂贵、古老陈旧并且难以维护的。人工智能硬件市场因受到巨大挤压而发展缓慢，政府支持经费开始下降，寒冬又一次来临。

5）第三个快速发展期（1993至今）。随着更强大的计算能力的出现以及云计算、大数据的快速发展与应用，人工智能的研究获得了一系列突破，人工智能又进入一个新的繁荣期。1997年，IBM深蓝战胜国际象棋大师卡斯帕罗夫。2005年，斯坦福大学实现了131mile的自动驾驶，并赢得美国国防部先进研究项目。2006年，Hinton在神经网络的深度学习领域取得突破。2016年，DeepMind公司研发的AlphaGo以4:1的比分击败了韩国围棋大师李世石。随后深度学习、强化学习和大数据、云计算的相互结合，人工智能在语音识别、图像识别、自动驾驶，机器人等领域取得了一个又一个突破。同时，人工智能引发了一场商业和技术革命，谷歌、微软、百度、亚马逊、苹果等互联网巨头纷纷注入巨资布局人工智能，掀起了新一轮智能化的狂潮。

4.4.2　人工智能技术应用

首先看一下人工智能最新的发展以及可以用在智能家居上的主要技术。

1）大规模机器学习。智能物体产生了海量的感知数据，利用大规模机器学习的方法，可以面向大数据部署机器学习的分布式算法，能够容纳上亿特征和数据，从海量数据中挖掘出需要的结果。对于智能家居而言，通过大规模机器学习，可以挖掘用户使用智能家居的习惯，从而优化和改善智能家居产品等。

2）深度学习。通过诸如卷积神经网络（Convolutional Neural Nets，CNN）等神经网络模型，然后给予海量数据进行训练，配置调整海量参数，建立多层深度卷积神经网络，可实现对于数据规律的学习，并利用训练的模型对新的数据进行分类或识别。深度学习充分结合了海量数据和多层神经网络，在图像识别、计算机视觉、目标识别、视频标记、行动识别、音频、语音和自然语言处理等领域取得了显著进展。深度学习的最大的好处在于可以利用海量的没有经过标记的原始数据进行训练学习，省去了标记数据所需要的工作量。

3）强化学习。与一般的机器学习不同，强化学习的重点在于决策。它是一种以环境反馈为输入，从环境状态映射到行为状态的学习，从而使系统行为从环境中获得的累积奖赏值最大，是能够适应环境的机器学习方法。强化学习通过试错的方法发现最优行为策略，在机器人自适应环境中获得应用。谷歌的AlphaGo能够战胜人类，除了深度学习，很大程度上归功于强化学习。它利用强化学习，自己与自己进行了海量对局，通过学习，提高了自己的围棋水平。

4）迁移学习。迁移学习（Transfer Learning）主要解决目前深度学习存在的一些问题，增强学习的适用性，目的在于训练机器具备把从一个环境中学到的知识迁移到新环境中继续使用的能力。目前主流的人工智能学习算法，对于海量数据的依赖性较重，实际上是基于统计的算法，且经过训练抓取的模型参数严重依赖预先设定的训练任务。比如，深度学习，AlphaGo被训练下围棋，但如果让它下象棋，它必须输入新的数据从头学起。因此辛苦训练了很久，机器所学习的知识和能力，很难迁移到新的领域，导致了学习效率不高。迁移学习的目的，就是想让机器具备"举一反三"和"触类旁通"的学习能力，而不是在每个领域都必须从头学习海量大数据。迁移学习主要有：同构空间下基于实例的迁移学习，同构空间下基于特征的迁移学习与异构空间下的迁移学习。智能家居领域的迁移学习，尤其是小数据量的、陌生环境的适应与逐步学习尤为重要。

人工智能的应用领域很多，这里仅从智能家居应用的角度介绍人工智能的应用。

1）计算机视觉。图片和视频是计算机视觉主要记录和处理的内容。随着海量数据的大规模处理如采用GPU技术，结合深度学习的神经网络算法，利用机器识别并理解现实世界的图像和视频，已经取得了巨大的进步。利用人工智能技术，计算机已经能够自己学会在海量图片中自动学习，如识别出图片中的猫。计算机视觉在智能家居中应用广泛，如可以使用基于深度学习的图像监控系统，自动识别智能家居中居住者的情况，并能通过识别居住者的手势等控制智能设备。此外，还可以让扫地机器人自动识别房间中的家居设施，自动绕开清扫过程中的障碍物等。人工智能的视觉识别成功率已经超过了95%，完全具备了实用的价值。

2）家庭机器人的应用。在未来智能家居的应用中，家庭服务机器必将成为不可或缺的综合性智能家电。尽管目前在静态环境下机器人导航或者固定程序动作已经毫无问题，但智能家居中的机器人必须能与周围环境自动适应并正确交互，因此必须使用新的技术让机器人具备自我学习的能力。目前可利用深度学习、强化学习等，通过与周围环境的逐步交互学习积累，让家居机器人具备适应环境的能力。此外，综合利用机器感知技术，包括计算机视觉、力度和触觉等基于传感器技术的进一步突破，结合各类学习算法，机器人不仅能够更好地完成预先设定的各项任务，甚至还能够自我学习，主动学习完成多种工作任务，而不需要重新编写程序。

3）自然语言处理和自动语音识别。自然语言处理（Natural Language Processing，NLP）利用计算机来处理、理解以及运用人类语言，让计算机具备处理自然语言的能力，包括语法分析、语义分析、篇章理解等，从而实现机器翻译、手写体和印刷体字符识别、语音识别、文语转换、信息检索、信息抽取与过滤、文本分类与聚类、舆情分析和观点挖掘等。自然语言处理和自动语音识别与人们的生活密切相关，因此研究活跃、应用迅速。尤其是自动语音识别技术能够改变人机交互的方式，将人的双手解放出来。目前语言的识别成功率已经超过95%，已经完全走向实用，如谷歌可以使用Siri移动端查询，在智能家居领域可以使用语言的识别技术控制智能家居，如亚马逊的Alexa等。

4.5 智能家居控制技术

　　智能家居从单件的家电自动化逐步发展起来，就目前来讲，依赖一家公司还不能够提供完整系统的智能家居来覆盖所有的家电产品。因此，智能家居还属于刚起步的阶段，智能家居碎片化的特征明显，试图弥补整合系统的需求也已经出现，但未来整合的系统是什么样？一方面，每一个智能化的单个产品都在不断拓展其智能化的水平，增强其智能化的应用体验；另一方面，对于智能化的互联互通和系统化的要求进一步加强。在目前还难以出现统一的无线传输和控制标准的情况下，智能网关自然成为扮演互联互通的重要角色，原因在于网关本来就是连接家庭和互联网的基本通道。此外，除了满足基本的智能家居互联互通的需要，从智能家居系统的角度考虑，是否还需要一个统一的、真正功能强大的本地化控制中心，也是目前发展的关键。

　　尽管目前对智能家居的系统构架没有统一公认的模式，但是，可采用智能家居系统作为局域网，然后通过智能网关、控制中心等连接互联网的智能家居云端，末端采用平板式计算机、智能手机APP或者语音助手对智能设备实现具体的控制。图4-3显示了一种智能家居的控制形式。这里主要介绍智能家居网关控制技术和语言控制技术，其中融合的人工智能语言控制技术目前有较好的发展趋势。

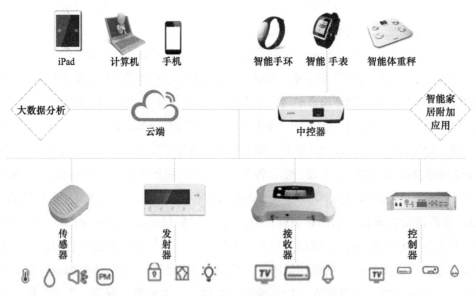

图4-3　一种智能家居控制类型示意图

4.5.1 智能家居网关控制技术

智能家居网关又称为智能路由器，担负着智能家居互联互通、数据交互、设备控制等任务。一般而言，智能家居网关有以下作用。

1）智能家居控制中心。智能家居网关可以连接智能家居系统中的3个主要部分：智能家居智能设备、智能家居云端服务和智能控制终端（如智能手机或平板式计算机等）。因此，在没有智能家居系统的情况下，网关实质上担负了智能家居控制中心的任务，是智能家居的数据交汇、传输中心及控制中心。

2）互联互通平台。智能家居中一般有多种无线通信方式，如采用ZigBee、蓝牙、Z-Wave等通信方式的智能家居设备。智能网关可以作为桥梁，使这些设备互联互通，方便统一控制。如利用桥接方式，智能路由器可以使那些不兼容谷歌Homekit功能的智能家居设备能够使用HomeKit统一控制。

3）智能家居设备的控制。智能家居网关是家居智能化的心脏和中心，通过它可以实现智能家居系统信息的采集、信息输入、信息处理、信息输出，对智能家居中的智能设备进行实时管理，通过智能手机或平板式计算机等控制面板，对智能家居进行集中控制、远程控制和联动控制。

4）连接智能家居与互联网。智能家居网关除了对智能家居内部的系统进行管理，还负责将智能家居网络与互联网相连接，实现局部网络和互联网的信息交换。利用互联网智能家居可以使用云端的基于人工智能的服务，如语言识别、信息搜寻等。

目前，市场上的智能家居网关种类繁多，功能多样。有些网关使用单一的通信协议，互联互通能力较差，但一般会提供满足智能家居简单要求的系列套件。如Philips Hue，主要连接照明灯泡，它使用ZigBee协议，基于HomeKit，因此可以使用语言控制；有些网关使用多种无线协议，因此可以连通多种智能家居设备，如Mixtile Hub，可以使用蓝牙、Z-Wave、ZigBee、Wi-Fi等多种连接，使用电视机屏幕显示，也是基于HomeKit，因此可以使用Siri控制智能家居。有些路由器是组合套件中的一个设备，比如三星的SmartThings，就包括云平台（SmartThings Cloud）、智能网关（SmartThings Hub）以及手机客户控制端（SmartThings mobile）3部分。

4.5.2 智能家居语音控制技术

就人类对智能设备的控制手段来讲，微软时代的计算机通过键盘和鼠标与人类进行交互。在苹果为代表的智能手机时代，人类通过触屏控制应用。而随着人工智能时代的到来，智能语音控制逐步得到使用者的青睐。在智能家居领域，这一方面得益于人工智能技术使得语音识别的可靠性大幅度提高，智能语音助手变得越来越实用；另一方面，智能语音助手不仅解决了使用手机控制智能家居的烦琐操作问题，更为重要是，利用智能语音助手背后强大的云平台和人工智能的优势，智能家居的应用借助云端的力量变得更加智能。

就目前看来，尽管利用智能语音助手还远远达不到控制智能家居系统的期望，但相信在未来一段时间内，智能家居本地化的控制和云端的控制在简洁的语音控制依托下，还具有较大的发展空间。本节主要从当前主流的智能语音助手技术和应用在智能家居领域的语音控制智能音箱两个方面来讲述其目前发展情况。

1. 智能语音助手

目前智能家居语音助手主要有亚马逊Alexa、谷歌助手Google Assistant、微软Cortana小娜、苹果Siri、科大讯飞语音识别等。这里主要结合其目前在智能家居中的应用情况，介绍亚马逊Alexa、谷歌助手Google Assistant、微软Cortana小娜等语音助手。

亚马逊在2011年收购语音识别公司Yap，开始涉足语音技术。2012年，亚马逊收购语音技术公司Evi，加强了语音识别在亚马逊商品搜索方面的应用。2013年，亚马逊接着收购了Ivona Software公司，其技术被应用于Kindle Fire的文本至语音转换功能、语音命令和Explore by Touch等应用中。尽管亚马逊在2014年才推出智能语音助手Alexa和智能音箱Echo，但其相关工作的开展却早在2011年。创建Alexa的灵感来源于Star Trek计算机，亚马逊希望能够创造出一个能与有智慧的人类有效交互的界面。

Alexa可以说是云计算和人工智能结合的一个典范应用。据Synergy Research Group的数据，亚马逊AWS云服务在2016年已占到全球IaaS市场份额的45%，甚至比微软、IBM和Google相同服务的总和还高。Alexa的智能识别部分归功于云端的海量数据，因为人工智能的学习需要海量数据的训练。另外，Alexa还集成了增强学习等人工智能技术。更为重要的是，Alexa很早就定位于开放的平台，在2015年6月对用户开放了Alexa。通过API应用，大量智能家居设备使用Alexa，通过增加"技能"来控制自己生产的设备，目前已经支持多达7000项的应用，并且持续增加的趋势不减，包括三星、联想、LG、Dish等多家厂商都推出了内置Alexa的智能家居设备。而随着用户对于Alexa的习惯与依赖，其他能够增加智能生活体验的软服务正在逐步加入，如打车服务Uber，甚至Twitter和新闻服务等。可以说，目前基于Alexa的智能家居声控设备，越来越成为智能家居的控制中枢。

谷歌助手Google Assistant于2016年5月在Google I/O大会上被推出。使用Google Assistant，用户可以控制智能手机、智能手表以及其他智能设备，还可以用于使用语音搜寻信息资料、播放媒体内容、购买电影票等日常任务。Google Assistant兼容第三方服务，如Ticketmaster、Spotify、Uber以及Whatsapp等。为扩大市场应用和影响，2016年12月，谷歌开放了Google Assistant的部分功能，允许用户开发自己的Actions应用。一种是Direct Actions，可开发一些简单或直接的会话场景，如查询天气、开关电器等；还有一种是Conversation Actions，允许用户与Google Assistant复杂程度更高的信息交互。开发者使用Google Assistant开发的Actions不但能够运行在 Google Home智能音箱上，还能运行在如Pixel手机等智能移动设备上。2016年11月，谷歌推出Google Home音箱，内置了Google Assistant，用来控制智能家居。

微软Cortana小娜最早由微软在2014年推出，而后为了扩展该虚拟助理在物联网领域的应用，在2016年12月推出Cortana Skills Kit和Cortana Devices SDK，目的是让不同的厂商使用Cortana打造第三方智能物联网设备。微软还专门将Cortana集成到Windows 10 IOT Core中，方便开发电冰箱、洗衣机、恒温器、智能镜等智能家居设备，通过内嵌Cortana小娜助手实现智能家居设备的交互控制，并可以应用于Windows、Android、iOS和Xbox等多个平台的设备。海尔U+智慧生活平台就将Cortana融入自己的智能家电平台中。除了智能家电的交互控制，Cortana还提供实时Skype聊天、接收电子邮件、使用日历等功能，将智能家居生活利用互联网进行有效拓展。

2．语音控制智能音箱

随着人工智能在语音助手上的应用，各大厂商纷纷推出或准备推出智能音箱，国外的如亚马逊Echo、谷歌的Google Home，国内的如京东与科大讯飞的"叮咚"音箱、阿里巴巴与飞利浦的"小飞"智能音箱、联想基于亚马逊Alexa的语音助理Smart Assistant等。目前，众多语音控制智能音箱正逐步取代单一的手机控制，成为智能家居时代的新入口。但需要说明的是，智能音箱不仅是一个硬件产品，它更加需要依赖人工智能、大数据以及智能家居生态建设等方面的综合作用，因此未来智能音箱能否成为真正的智能家居控制中心，还有待于智能家居的进一步发展。本节主要介绍亚马逊Echo、谷歌的Google Home和"叮咚"音箱。

（1）亚马逊Echo　Echo是2014年亚马逊推出的一款语音交互式蓝牙音箱，内置了Alexa语音助手，能控制智能家居设备，同步语音数据、播放音乐等。到2016年底，其销量已经突破500万台，Echo所获得的成功推动了智能语音控制作为智能家居中心平台的可能性。Echo可以用来控制家庭的智能窗帘、开关、插座、灯泡，甚至安防系统和门锁。Echo还能用于亚马逊的购物、语音叫醒服务等。

（2）Google Home　Google在2016年推出Google Home智能音箱，内置了Google引以为傲的人工智能助手Google Assistant。谷歌将Google Home定位于智能家居中枢，能够连接并控制电视机、音响、插座、灯光、空调等智能家电，实现对整个家居环境的语音控制。2016年12月，谷歌开放了Google Home的开发接口Conversation Actions，允许开发者提供第三方服务，以控制更多的智能家电。也许Google Home的优势在于Google强大的搜索引擎，未来能够整合搜索、邮箱、视频、日历及在线云存储服务Drive等一系列已经深入每个人生活细节的各种服务。

（3）叮咚音箱。叮咚音箱由京东公司推出，搭载了科大讯飞的智能语音系统，内置了8个收音麦克风，可以360°全方位采集声源，在5m范围内均可准确识别语音，利用语音交互功能可实现对京东微联生活馆中上百种智能家居产品，如电视机、洗衣机、空调、净化器等的控制。此外，叮咚音箱还融合了京东购物，基于百度音乐、百度搜索/百科的音乐服务，除了听歌、听书、听小说以外，还能收听热点新闻播报、百科知识大全等，方便并丰富智能生活体验。

4.6 智能家居安全与隐私保护技术

随着物联网及智能家居的发展并逐步融入人们的生活，越来越多的智能设备接入网络。据Gartner公司的数据，在2016年，有近4亿台智能设备投入智能家居领域，预计到2020年，全世界有近500亿智能物体会连接到网络中。但由于物联网和智能家居的应用毕竟还处在初级阶段，因此对安全与隐私问题重视不够。据Synack安全公司对包括摄像头、家庭自动化控制器和恒温控制器在内的16种智能家居设备进行调查，发现所有智能设备都非常容易被入侵。可见，目前智能家居的安全问题令人担忧。

随着物联网和智能家居逐渐渗透到生产和生活中，如果长期忽视智能家居的安全和隐私问题，则智能家居应用的安全性就无法得到保障。一旦智能家居及物联网受到安全攻击，会严重影响人们的正常生活，同时势必会阻碍智能家居的健康发展。因此，必须对智能家居的安全及隐私问题更加重视，保证智能家居的健康发展。

4.6.1 智能家居安全性特点

智能家居主要由本地智能家居系统和互联网云端组成，智能家居系统主要有感知、数据传输、信息处理、智能控制等基本过程。通过连接云端，智能家居系统可与互联网连接，获取需要的智能化资源。因此，智能家居的安全与隐私保护具有自己的特点。具体而言，智能家居安全主要有如下特点。

1）智能设备传感器节点资源受限。在智能家居中一般都部署大量的无线传感器节点，但出于低成本的考虑，嵌入的传感器一般体积都较小，有些使用能量有限的电池供电，传感器节点的处理能力、存储空间、传输距离、带宽等都受到了限制，因此一般无法使用复杂性高、耗能大的安全协议，其安全性被削弱。

2）采用无线通信方式，信号容易被窃取、入侵或干扰攻击。智能家居采用多种无线数据通信方式，而无线信号采用公共通信信道，很容易成为攻击者窃取和干扰的对象。如攻击者可以通过窃取感知节点发射的信号，来获取所需要的信息，甚至使用用户的机密信息伪造身份认证，入侵并攻击智能家居局域网络。

3）智能家居设备容易被远程操控。智能家居一般具备云端服务连接，很多应用使用手机APP远程登录，远程操控智能家电设备。类似应用如果存在安全漏洞，则容易受到黑客攻击，智能家居设备可以被远程控制，甚至遭到破坏，并能导致隐私泄露。如有一种"僵尸型网络"的网络攻击，可入侵到智能家居的网络中，对智能家居设备进行远程控制。利用类似的攻击工具，黑客可以远程操控智能家居中的各类设备。如可以将智能家居中的家庭自动门随意打开；远程操控智能家居温控器，自由设置温度；随意调整家庭热水器温度；禁用厨房煤气泄漏报警器；自动开启煤气阀；随意关闭恒温器；远程操控摄像头窃取家庭隐私等。

4.6.2　智能家居各层安全问题

智能家居安全性问题主要分为信息安全感知、可靠感知数据传输和安全信息操控三个方面，分别涉及智能家居的感知层、网络层、应用层。一般认为，智能家居系统的安全性主要有读取控制、隐私保护、用户认证、不可抵赖性、数据保密性、通信层安全、数据完整性、随时可用性等。前4项涉及应用层，后4项涉及感知层和网络层。下面分别阐述各层的安全问题。

1）感知层的安全问题。智能家居的感知层要实现感知和控制的功能，是安全的最薄弱层。智能家居感知层包括各类传感器，如红外、超声、温度、湿度、速度等传感器，图像捕捉装置如摄像头等。感知层在采集数据、传输数据和控制指令时，多采用无线网络传输的方式。对于使用电池供电的感知节点，运算能力和能量有限。另外，感知层一般需要将智能家居控制中心如智能路由器、智能网关等作为控制中心，控制中心连接着互联网，因此是安全问题的关键点。

2）网络传输层的安全问题。智能家居网络传输层可分为两部分，位于家庭内部的局域网络和外部的互联网。智能家居内部的网络属于异构网络，主要因为使用标准不统一的多种无线通信协议，如ZigBee、蓝牙和Z-Wave等，造成了安全兼容性不一致的问题。同样，完成这些网络任务的是嵌在智能家居设备中的网络节点，它们功能简单，能量有限，一般无法拥有复杂的安全保护能力，这给网络传输层的安全保障带来了困难。智能家居传输层异构网络信息交换的安全性是其脆弱点，特别在网络认证方面。无线网络环境为恶意程序入侵提供了入口，如类似蠕虫这样的恶意代码，一旦入侵成功，其传播性、隐蔽性、破坏性等更加难以防范，在这样的环境中检测和清除这样的恶意代码将很困难。更为糟糕的是，除了内部局域网存在的安全隐患，更多的安全问题来源于智能家居与互联网的连接。因为随着智能家居的发展，对互联网的依赖性越来越高，而互联网上存在大量的病毒攻击、黑客入侵、非法授权访问等。需要说明的一点是，由于智能物体越来越多地拥有独立的IP，允许自由访问互联网，所以通过互联网传播的攻击，不仅会损害智能家居系统，更为可怕的是能够使互联网本身瘫痪。已经发生过利用物联网智能物体包括智能家居设备发起网络攻击，产生大量节点的数据传输需求而导致网络拥塞，产生拒绝服务攻击，最终网络瘫痪的实例。因此，智能家居传输层的安全问题，一旦连接到互联网上，就再也不能洁身自爱、自由自在了，它也需要担负维护互联网安全的责任。

3）应用层的安全问题。智能家居的应用层，涉及具体的智能家电执行，如照明、阀门的关闭与打开、温度的具体控制等。智能家居的应用层直接与使用者相关，如果安全出了问题，会影响到使用者的财产与生命安全。如被非法入侵，远程控制家庭门锁的开启，能够造成财产损失；侵入智能家居安防系统，会导致安防系统失灵；对于淋浴热水器设定不需要的温度，会给使用者造成安全伤害等。因此，智能家居中不同的软硬件设备中都可能存在不同的安全漏洞，在不同种类的软、硬件设备，同种设备的不同版本之间，由不同设备构成的不同系统之间以及同种系统在不同的设置条件下，都会存在不同的安全漏洞。此外，在应用层，越来越多的信息被认为是用户隐私信息，如你使用了一次基于人工智能的语音控制智能设备，你的位置信息就有可能被泄漏。为提高智能家居的智能化，你的生活起居信息、生活习性都可以被全天候监视而暴露无遗，因此需要保护人工智能时代的安全与隐私问题。

4.6.3　智能家居安全攻击类型

由于智能家居应用刚刚起步，虽然目前已经发生的安全问题不多，但随着智能家居的普及和海量智能物体的联网等，加上长期以来对于智能家居安全问题的不重视，存在安全漏洞和隐患不及时加以防范处理，其未来必然成为安全攻击的重点。目前而言，主要攻击类型如下。

1）无线局域网络攻击。智能家居系统的本地网络更容易受到攻击，一般局域网络由智能路由器担任智能家居控制中枢。攻击者可侵入采用弱加密功能的Wi-Fi网络，进而攻击用户的智能设备。攻击者还可以利用远程遥控的信号干扰器、密钥或应用程序等，阻断无线设备的正常连接，让智能设备连接到假冒的网络中，然后对智能设备进行破坏。如已经有Z-Wave的入侵软件，将其加入网络后，即可对智能设备进行控制。由于无线局域网一般使用多种无线通信协议，在安全性的协同上会有欠缺，因此容易被攻击。另外，限于智能设备的成本问题，目前智能设备的安全防护较弱，很多设备采用未签名的固件更新，甚至以明文方式传输密码，使用很简单的相互认证或者根本不使用任何身份认证功能，这些都导致攻击者能够轻易攻破智能家居局域网络，破解物联网设备的密码，破坏设备功能，通过恶意固件更新控制智能设备。

2）Web网页攻击。智能家居系统一般需要连接云端，攻击者可以利用网页的漏洞，仿冒智能家居云端的Web页面，诱骗用户登录。一旦用户登录仿冒网页，所有智能设备的密码等信息就会被截获，被攻击者利用来破坏设备。

3）手机终端攻击。移动手机成为很多智能家居的标准控制端，并通过众多的APP对智能家居进行控制。但APP基于手机操作系统，目前安卓手机的安全性有待提高，很多APP本身没有进行安全加固，其本身存在的漏洞容易被利用进行攻击。

4）远程僵尸网络攻击。攻击者入侵智能家居网络系统，利用感染了病毒程序的僵尸网络，通过远程操纵如摄像头、路由器、智能家居硬件设备等，发起DDoS拒绝访问服务网络攻击，导致网络大面积瘫痪。"僵尸型网络"黑客们通过入侵到用户家中的网络，使用户主机感染病毒程序，对智能家居设备进行远程控制。2016年10月，美国多个城市互联网发生瘫痪，导致Twitter、Shopify、Reddit等大量知名网站数小时无法正常访问。经调查证实，这次是黑客利用Mirai僵尸病毒感染并利用物联网设备如安保摄像头等发起了网络攻击，涉及数以千万计的IP地址。

智能家居安全应对措施的关键在于智能家居设备制造企业增强安全防范措施，这虽然会增加设备的成本，但长期看有助于智能家居的健康发展。另外，及早制定统一的智能家居安全标准是目前急需解决的问题。对于智能家居用户的安全教育也非常重要，如按照要求使用强密码、安全性更高的加密方法、建立独立智能家居网络、购买安全性高的智能家居产品等。

此外，开发单独的智能家居安全性产品，对于智能家居的安全也非常重要。国外BullGuard公司推出了一款监控并阻击针对智能家居网络攻击的智能家居安全设备"DojobyBullGuard"，能够识别Mirai等僵尸病毒。该设备可以24小时对智能家居用户数据、智能设备及智能家居系统进行防护，能够进行威胁报警，对有安全威胁的行为做出拒绝、阻断等。此外，该设备还具备AI机器学习能力，且连接的设备越多，它辨别智能家居网络威胁的能力越强。

4.7 智能家居室内定位技术

智能家居的主要服务对象是人，且服务的对象往往是多个人，并且对不同类型的人，往往需要不同的服务，如老人、小孩的看护等。由于每一个人的生活习性不一样，为提供精准的个性化服务，需要对人进行识别。还有一个情况是，智能家居中的人一般是移动的，为了实现更好的服务，需要跟踪定位人活动的区域或者位置，如一个人长时间离开书房，就需要将书房灯调暗。人离开房间上班了，忘记关灯、关门，应该自动响应。房间温度的调节，也应该根据人员增多或减少而相应进行，以节约能源。因此，室内人员识别与定位，是提高智能家居服务水平和精准服务的基础条件。此外，智能家居中使用的移动设备，如家庭机器人或自动吸尘器机器人等也需要定位技术。

1. 识别定位基本原理

智能家居室内识别定位的基本原理，主要有图像识别法、ID号识别法、时间到达法

（Time of Arrival，TOA）、时间到达差法（Time different of Arrival，TDOA）、信号强度法（Received Signal Strength Indication，RSSI）、到达角度测距法（Angle of Arrival，AOA）等。图像识别通过部署摄像头，利用人工智能技术，可以识别智能家居的活动者，比如老人和孩子。单纯的识别与定位，可以使用ID号识别法。使用预定义ID的方式，当携带ID标识的设备靠近识别器时，可以识别并定位佩戴者的身份。如被识别定位者佩戴含有RFID、NFC的芯片、腕表、手环等智能穿戴设备，当被监测者靠近红外监测设备时可对其定位。

时间到达法（TOA）用信标在空中传播所用的实际时间乘以传播的速率，计算出未知节点到信标的距离，然后利用三角定位法或质心法估算出未知节点的位置。时间到达差法（TDOA）是对TOA算法的改进，它不直接利用信标信号的到达时间，而是使用多个信标接收器，通过计算信号到达的时间差来确定被定位者的位置。与TOA算法相比，它不需要加入专门的时间戳，定位精度有所提高。

信号强度法（RSSI）利用信标到达被定位者时的信息强度，估算出被定位者和信标发送者间的距离，然后利用质心法估算出未知节点的位置。信号强度法不需要时间同步，但定位精度误差较大。到达角度测距法（AOA）通过感知信标的到达方向，计算被定位者和信标发送者之间的相对方位或角度，然后利用三角测量法计算出被定位者的位置，该方法定位精度较高。

2. 室内定位主要技术

（1）超声波技术　超声波定位利用声波在空中相对固定的传播速度实现定位。被定位物体发射超声波给放置于室内空间固定位置的三个以上超声波接收器，然后计算被定位物体到超声波接收器的距离，即可实现定位。在实际应用时，也可以将超声波和其他无线射频技术结合进行定位。无线射频信号传输速率接近光速，远高于超声波速度，可以实现非时间同步条件下的定位。超声波定位精度可达厘米级，但超声波在传输过程中衰减明显，从而影响其定位有效范围，一般定位距离在几十米以内，适合移动机器人等的定位应用。

（2）红外线技术　利用红外线可以实现室内定位，该定位系统要求被定位者随身携带含有身份标志ID的电子标识，在被定位者移动过程中，该电子标识向室内固定放置的红外接收机周期性地发送信标，实现定位。红外线可以与超声波等技术相结合实现定位功能，如实现非时间同步定位等。红外线定位精度在5～10m。红外线定位需要直线传播通道，因此易受物体或墙体等阻隔。另外，由于红外线传输距离有限，定位距离受限制。

（3）超宽带（UWB）技术　超宽带技术是一种新兴的无线通信技术，工作频段范围为3.1～10.6GHz，传输距离通常在10m以内，通信速度可以达到几百Mbit/s。超宽带发射功率较低，但穿透能力较强，基于无载波的极窄脉冲的无线技术，室内定位精度较高，一般在6～10cm。超宽带室内定位技术可采用TDOA测距定位算法，利用信号到达的时间差测定距离，然后再利用三边定位算法等实现定位。

（4）RFID技术　RFID射频识别技术利用射频电磁波实现定位，其定位系统一般由含有ID信息的电子标签、射频读写器等组成。最简单的识别定位通过读取电子标签的信息获得。而电子标签分为有源主动标签和无源标签两种。主动标签信号处理能力强，定位精度高，定位距离可以达到100m，定位误差在5m左右。无源标签处理信号需要接收读写器的信号能量，其定位距离在10m左右。

（5）Wi-Fi室内定位技术　Wi-Fi室内定位利用无线局域网中的AP接入点或无线网卡实现定位，这基于所有的Wi-Fi设备都有全球唯一的标识：MAC地址。由于AP位置是固定的，一旦被定位设备连入3个以上AP，就可以利用通信信号的RSSI测定与这些AP之间的距离，再利用其他方法如位置指纹法，使用最近邻居法分析匹配出其具体位置信息。Wi-Fi室内定位利用Wi-Fi通信即可实现，不需要增加额外的硬件设备，定位精度为2~3m。另外，Wi-Fi信息也会随着环境变化如人的走动等产生扰动干扰，对定位精度产生影响。

（6）ZigBee室内定位技术　ZigBee目前在智能家居应用设备中使用较多，利用位置固定的ZigBee设备作为锚节点，可以定位室内其他ZigBee设备。如TI公司的CC2431包含一个无线定位跟踪引擎，用于定位无线网络中节点的位置。该定位系统主要包括位置固定的锚节点、待定位节点以及协调器三部分。待定位节点位置可以移动，其位置由CC2431的定位引擎通过接收到的锚节点的RSSI值测距，然后利用定位算法得到。定位锚节点越多，定位精度越高。一般需要3~8个锚节点参与定位，最高定位精度可达0.5m，定位响应时间少于40μs。但使用RSSI测距，定位精度容易受到环境干扰。

（7）蓝牙室内定位技术　利用蓝牙无线通信的信号强度RSSI可以实现测距，然后利用多个位置已知的Beacon基站，就可以进行多点定位。如苹果手机使用室内定位iBeacon低功耗蓝牙微定位技术。使用蓝牙4.0以上版本和IOS7的设备都可以使用iBeacon定位技术实现设备定位。iBeacon需要部署位置固定的基站，并周期性地发送定位信标。由于基站使用低功耗蓝牙技术，一粒普通的纽扣电池可连续使用两年。当被定位设备靠近基站时，能够接收到信标，实现定位。其定位范围在几毫米到50m之间，定位精度为2~3m。蓝牙5.0提供了新的定位功能，可作为室内导航信标或类似定位设备使用，结合Wi-Fi可以实现精度小于1m的室内定位。

4.8 本章小结

本章主要介绍了智能家居的智能化技术，包括智能家居互联互通技术、智能家居云端技术、智能家居人工智能技术、智能家居控制技术、智能家居安全与隐私保护技术，最后介绍了常用的智能家居室内定位技术。智能家居的智能化技术是未来推动智能家居应用发展的潜在力量，尤其是人工智能技术的发展会给智能家居的使用者带来更多智能化的体验。此外，随着智能家居智能化技术的不断发展，智能家居将更可靠、更舒适、更安全。

思考题

1）什么是云计算技术？有什么特点？

2）简述人工智能的基本概念。

3）简述人工智能发展的过程。

4）与同学讨论，智能家居可以使用哪些人工智能技术。

5）智能家居网关的主要作用是什么？

6）讨论智能家居的安全性问题的重要性。

实训4　智能家居语言控制实训

1．实训目的

1）了解智能家居智能化的应用。

2）了解智能家居语言控制的基本原理。

2．实训设备

实训箱或智能家居实训套件、语言控制传感器1个、相应配套软件1套、语言控制设备（如灯等）1套。

3．关键知识点

语言控制的基本概念。

4．实训内容

利用语言控制传感器，通过语音控制进行家庭照明灯的通电点亮、亮度调节、关灯等控制。

5．实训总结

通过本实训对智能家居智能家电设备进行控制，对语音控制的应用有了感性认识，对智能化应用及控制等有了初步了解。

智能家居典型应用

智能家居自产生以来，日益受到广泛关注。随着科技与社会的发展，智能家居已经逐渐走向成熟，目前越来越多的家庭开始接受智能家居的各种产品。现如今，国内智能家居市场的参与者既有老牌传统的家电企业，也有新兴的互联网科技企业。新的智能家居业务能够借助传统家电的品牌影响力，起步更高。但是目前，国内智能家居行业尚处于混战时期，谁能够引领技术、打开市场，谁就将为企业在智能家居这个新兴市场中的发展打下坚实的基础。

5.1 智能家居典型应用概述

智能家居作为一种新的产品技术，改变了传统的家居生活，为人们创造了方便、节能、舒适的新家居生活。因为目前智能家居的价格比较高，加上人们对智能家居的了解不多，误以为智能家居是高端的产品，所以市场上普及率还不是很高，现有的智能家居推广对象也大都是高端别墅群。这一方面是因为，智能家居行业还处在起步的阶段，很多产品和环节都不够完善，例如，目前许多智能家居设备和单品虽说赚足了"噱头"，然而由于各种技术标准等问题的限制，使智能家居离真正的互联互通还有一段距离，离实现真正的智能操控也还有距离；另一方面，要归咎于生产者的不实宣传误导了消费者的认知，一些厂商将主要精力用于花哨的功能设计和系统技术的更新上，甚至为了刺激消费，在产品功能和设计上增加噱头和卖点，声称实现了所谓全方位的智能控制而一味追求华而不实的功能，这给本来就对这个行业不明所以的消费者带来了不好的消费体验。因此，企业在不断更新智能家居技术的同时，也要加强市场的推广力度，要让更多的人了解智能家居并接受和使用智能家居。

智能家居领域一直被大家看好，有着即将爆发的万亿级市场；智能家居作为国家大力提倡的项目，是打造智慧城市、智慧物联的最重要的组成部分；互联网环境和智能手机的硬件标准在不断提升，这些都为智能家居行业的发展提供了必备的基础环境；消费者对家居环境的要求发生着变化，从之前的温暖、美观逐渐向安全、可控、便捷转变，智能家居产品的出现，符合了消费者对家居生活的需求。智能家居未来的产业和市场预测的数据庞大，如此庞大的数据说明的不仅是消费水平的提高，也说明家居系统智能化已经是大势所趋。目前智能家居的主要应用有智能家庭、智能教室、智能酒店、智能养老、智能社区等。随着越来越多的80、90后逐渐成为消费的主力军，由于其接受新鲜事物的能力更强，智能家居行业在未来几年必将迎来一个爆发期，成为市场的新宠。本章主要从智能家庭、智能教室、智能酒店、智能养老、智能社区、国内典型平台案例、国外典型平台案例等方面，阐述智能家居的典型应用情况。

5.2 智能家庭

　　智能家庭主要针对家庭用户，包含家居安防、家庭保健、智能厨房、智能生活、智能环保等方面。随着信息化技术的逐步发展、网络技术的日益完善、可应用网络载体的日益丰富和大带宽室内网络入户战略的逐步推广，智能化信息服务进家入户成为可能。居民通过平板式计算机、手机等终端即可实现互动，方便快捷地享受到智能、舒适、高效与安全的家居生活。智能家庭服务作为与千家万户息息相关的民生工程，其领域内的各项相关应用受到广泛重视并得到迅速发展。

　　《"十三五"国家信息规划》中有20多处提到物联网，并提到智慧社区建设等创新工程，这无疑从政策和战略层面对其给予了高度重视并扶持其发展。中国成为全球智能家居市场增长的关键，一方面是由于经济持续增长，家庭收入水平快速提升，智能家居潜在消费能力巨大；另一方面，中国是全球最大的互联网市场，能够帮助智能家居企业打开市场。家居智能化必然会是未来人们家居生活发展的趋势，而智能家庭行业作为战略性新兴产业的重要组成部分，也将取得飞跃式的发展。智能家庭服务平台系统属于智能家居的范畴，在未来将拥有广阔的市场前景，如图5-1所示。

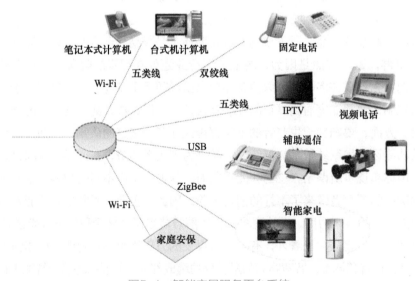

图5-1　智能家居服务平台系统

世界首富比尔·盖茨的家就是智能家庭的经典之作。比尔·盖茨位于美国西雅图的豪华官邸名为未来之屋（The house of the future）。这座豪宅占地6600m^2，耗时7年精心打造，是比尔·盖茨耗巨资，经历数年建造起来的大型科技豪宅。这个被世界称为最聪明的房子，完成了高科技与家居生活的精美对接，成为世界一大奇观。这所被称为"未来之屋"的神秘科技之宅，从本质上来说其实就是智能家居。比尔盖茨通过自己的"未来之屋"，一方面全面展示了微软公司的技术产品与未来的一些设想，另一方面也展示了人类未来智能生活的场景，包括厨房、客厅、家庭办公、娱乐室、卧室等一应俱全。

5.2.1　家居安防

家居安防技术主要是指应用于安全防范的电子、通信、计算机与信息处理及其相关技术，如电话报警技术、视频监控技术以及计算机网络技术等，如图5-2所示。

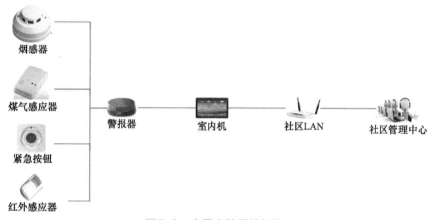

图5-2　家居安防系统架构

目前常用的家居安防技术有以下几种。

1）安装红外线防盗报警装置。这种报警装置处于工作状态时，能发射肉眼看不见的红外光，只要人进入光控范围，该装置便立即发出报警声响。

2）安装电磁密码门锁。安装这种锁，从外面开锁时需先按密码，否则无法开锁；若撬开，锁上的报警装置就会发出报警声响，这样就会惊动室内的人或邻居，可以吓跑盗贼或将盗贼擒获。

3）积极配合、踊跃参加城市小区报警联网系统。用户安装这种报警设备后，如遇危险情况（如入室盗窃），报警器将通过预先设置好的防区自动发出报警，派出所的接警装置立即自动显示用户的确切地址，民警即可迅速出警到达案发现场，抓获案犯。

4）部署家庭视频监控系统，包括各种摄像机、摄像头等，如图5-3所示。

随着科技的进步，家庭安防系统也得到了迅猛发展，以前遥不可及的科技安防产品的实用性以及价格都已经不再是任何问题了，以前困扰家庭安防产品的误报和漏报问题都已经大为改善，安防产品的价格也大幅下降到普通家庭可以接受的程度。

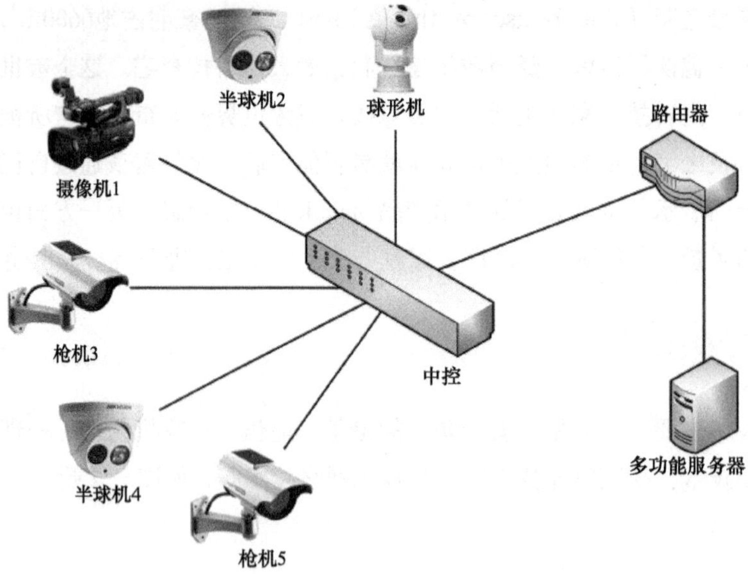

图5-3　智能安防视频监控系统

　　传统的监控、门禁、报警等安防设备都离不开各种传感器。传感技术同计算机技术与通信技术一起被称为信息技术的三大支柱。如果把计算机看成处理和识别信息的"大脑"，把通信系统看成传递信息的"神经系统"的话，那么传感器就是"感觉器官"。安防和传感器的完美结合，将安防行业带入一个新的阶段。智能家居、智能汽车的新市场，伴随着传感器的发展与兴起，正变得越来越好，传感器越发受到市场的追捧。没有传感器，安防就没有意义。家庭安防系统通常由传感器、传输通道和报警控制器三部分构成。常见的传感器有红外人体感应器、门窗磁感应器、烟雾火灾探测器、燃气泄漏探测器、防水淹探测器等。家庭安防系统利用主机，通过无线或有线连接各类探测器，实现防盗报警功能。

　　目前，传统安防领域正在面临新技术、新产品的冲击，安防行业迎来了新一轮的机遇和挑战，行业内竞争门槛越来越高，竞争越来越激烈。针对传统家居安防系统存在布线困难、建设及维护费用高、接收报警信息不及时等问题，智能家居中普遍采用了基于物联网实现家居安防系统的设计方案。比如，系统采用嵌入式ARM9（Advanced RISC Machines）处理器为系统主控制器，负责接收并处理工作在2.4GHz频段的射频芯片所传送的报警信息，并通过对象名解析服务器查阅报警信息服务器，使用Socket套接字实现报警信息的网络传输，最终达到及时报警、远程终端实时监测家居安全情况的目的。

　　为了克服传统安防系统功能单一、误报率较高、不能实现实时远程报警的缺点和不足，有的厂商提出了基于GPRS远程无线通信模块的智能家居安防系统设计方案。采用红外及GPRS通信技术实现了多方式遥控设防撤防，解决了主控制器操作的实时记录问题，为事后分清责任提供了技术保障。现场调试结果表明，该系统操作简便灵活，有效地实现了对室内环境信息（如温度、湿度）的实时监控、险情检测（如火警、被盗、可燃气体泄漏及水泄漏）、多方式遥控设防撤防、远程监控和报警以及操作数据实时记录等功能，提高了家庭安防报警的可靠性，如图5-4所示。

图5-4 智能家居安防系统

智能家居安防系统正朝着前端一体化、视频数字化、监控网络化、系统集成化的方向发展，图像压缩技术、网络传输技术和电子技术的飞速发展使得图像监控系统已成为当今智能家居监控领域的一个新热点。手机在智能家居中应用越来越广泛，很多厂商研究并设计了无线智能家居安防报警系统，将人体感应传感器、无线门磁传感器等信号通过无线收发模块传送到控制主机，主机通过控制图像采集模块进行图像的采集处理，处理后通过网络将信息传送到远程手机上，使主人可以更及时、更直观、更清晰地掌握家中的安防情况。

5.2.2 家庭保健

健康是人们最关注的问题，在家中也希望能得到时刻的保健，家庭健康护士使得这成为了现实。在家里使用电子化测量仪器，测量体温、脉搏、血压、血糖、血氧浓度、心电图、身高、体重等数据，然后通过智能家居系统传输到合作医院数据中心长期保存，系统可以对用户的数据做出基本的分析和建议，合作医院的医生会对用户的健康状况进行实时了解及长期跟踪，通过对数据的分析及时发现用户的健康隐患，为用户提供医疗健康咨询服务及健康指导，如图5-5所示。

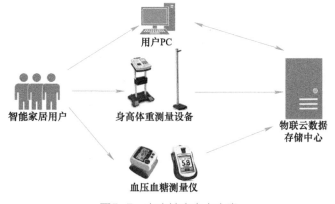

图5-5 家庭健康中心方案

此类系统一般有以下特点。

测量体温、脉搏、血压、血糖、血氧浓度、心电图、身高、体重并保存。

长期跟踪，提供基本的分析和建议。比如根据使用者的测量数据，及时判断身体健康是否出现异常并提出合理建议。

家庭健康系统包含"健儿高"儿童成长护士，有效解决儿童成长三大杀手：长不高、肥胖、性早熟，有效保障儿童健康成长发育。

目前市场上已经有很多的智能健康设备问世，比如智能马桶。这款产品最大的亮点是将马桶与健康结合起来，可在用户正常如厕的同时检测其身体健康状况。其主要功能包括20多项检测数据（尿酸、尿糖、蛋白质、血含量等）、健康问题咨询、直接挂号预约、推送健康生活方式和营养食谱，以及购买健康产品的商城等。

相信每个人都向往住在一个全智能的健康空间，最近Google就公布了一项关于智能浴室的新专利，描述了未来的智能浴室。该专利配备多个非侵入式健康监测仪器，包括超声波浴缸以及压力传感马桶，可以全面监测用户的心血管健康。谷歌智能浴室内包括分析大便的压力传感智能马桶、能3D扫描内部器官的超声波浴以及其他设备，提供了一系列依据监测数据制订的健康计划。

Google的这项智能浴室专利称，该技术可以探明"人体生理系统的功能状态及趋势"，监控人类生理系统的功能状态和趋势。智能浴室内的设备可给远程服务器或计算设备传送数据，虽然专注于心血管，但很多设备可以在其他领域使用并且可以在疾病形成之前对人发出警示。这些设备中的每一个都将提供一个远程服务器或计算设备，如健身带或笔记本式计算机，声波或电信号形式的传感器数据。虽然该专利主要集中在心血管疾病方面，但谷歌并没有限制其技术，说它可以用于其他生理系统如神经、内分泌、肌肉、骨骼和皮肤系统。

5.2.3 智能厨房

厨房是家居主人关注的地方，人们都希望能从繁重的厨房劳动中解放出来。智能厨房系统的物理元素主要包括家具、电器和物理空间等，其服务性主要表现在为家庭提供健康的、美学的和人性化的服务。智能厨房家具的交互设计主要表现在人机交互设计和人际交互设计两个方面。人机交互设计可通过行为流程分析进行影响因素设计、产品运动方式设计等，提高厨房的工作效率和舒适度，提升用户对产品品质的情感体验；人际交互设计可通过重新创建日常生活场景、拓展智能厨房家具的功能等，促进家庭成员之间的人际交互，创建和谐的家庭关系和氛围。

随着物联网、智能家庭的迅速发展，厨房内智能化家电产品越来越多，但是如何才能提升用户体验，让用户更好地体验到智能带来的实际好处是产品设计及研发人员应该注意的问题。随着科学技术的不断发展和成熟，人们的生活也发生了翻天覆地的变化，可是厨房设备大多还停留在传统工艺和流程上，大到餐饮厨房，小到家庭小厨房，基本上都是如此。专家预测，也许在十年以后，人们的厨房灶台、电冰箱等多种厨房设备都将从厨房里渐渐消失，留给人们做饭炒菜的可能就是一个架子和一张桌子了。只需按几个按钮，计算机就会根据你今天的身体状况，调配出最适宜的早餐菜谱；只需输入所需的烹调材料，智能化网络电冰箱就会告知最近的超市为您送货上门；只需将食物送进烤箱，全自动的食物加工系统就会把美味佳肴奉上；只需把用后的餐具放入保洁柜内，光能灭菌程序就会把细菌一扫而空……厨房采用零污染环保材料和系列低碳节能设备，整个厨房突出智能（自动、方便、省力等）和生态（健康、安全、舒适、环保等）的主题，包括绿色环保、人性化、方便、娱乐、互动等内容，如图5-6所示。

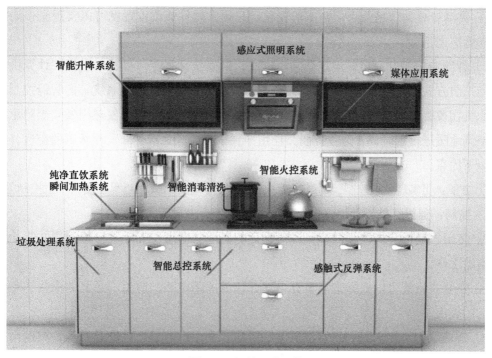

图5-6　智能厨房系统

厨房通过统一控制的中控系统实现了厨房的最大智能化。最新视窗操作只需两点触摸单击，就能实现家庭娱乐和多种智能化控制需求。烹饪仓与集成热系统相连，集烤箱、微波炉、光波炉成为一体的实物加工空间。烹饪仓为全自动的垃圾自处理、烹饪配料自供给的多箱一体化烹饪系统。

5.2.4　智能生活

智能生活是一种有新内涵的生活方式，也是人们追求的目标。智能生活平台依托云计算技术的存储，在家庭场景功能融合、增值服务挖掘的指导思想下，采用主流的互联网通信渠道，配合丰富的智能家居产品终端，构建享受智能家居控制系统带来的新的生活方式，多方位、多角度地呈现家庭生活中更舒适、更方便、更安全、更健康的具体场景，包括智能灯光控制、智能电器控制、智能学习等方面。

1）智能灯光控制可以实现对全宅灯光的智能管理，可以用手机、计算机等多种智能控制方式实现对全宅灯光的遥控开关、调光、全开全关及会客、影院等多种一键式灯光场景效果，并可用定时控制、电话远程控制、计算机本地及互联网远程控制等多种控制方式实现功能，从而达到智能照明节能、环保、舒适、方便的功能。其具体有以下优点。

① 控制：就地控制、多点控制、遥控控制、区域控制等。

② 安全：通过弱电控制强电方式，控制回路与负载回路分离。

③ 简单：智能灯光控制系统采用模块化结构设计，简单灵活、安装方便。

④ 灵活：根据环境及用户需求的变化，只需做软件修改设置就可以实现光布局的改变和功能扩充。

2）智能电器控制采用弱电控制强电方式，既安全又智能，可以用手机、计算机等多种智能控制方式实现对饮水机、插座、空调、地暖、投影机、新风系统等的智能控制，避免饮水机在夜晚反复加热影响水质，在外出时断开插座，避免电器发热引发安全隐患；以及对空调地暖进行定时或者远程控制，让用户到家后能马上享受舒适和新鲜的空气。其具体有以下优点。

① 方便：可实现就地控制、场景控制、遥控控制、电话计算机远程控制、手机控制等。

② 控制：通过红外或者协议信号控制方式，安全方便不干扰。

③ 健康：通过智能检测器，可以对家里的温度、湿度、亮度进行检测，并驱动电器设备自动工作。

④ 安全：系统可以根据生活节奏自动开启或关闭电路，避免不必要的浪费和电气老化引起的火灾。

3）智能学习可以充分利用网络的各种资源，利用计算机、辅助设备等，根据用户的学习记录通过大数据等技术分析其不足的地方，对用户需要加强的薄弱环节进行智能推送，从而大大提高学习效率。相信，未来人们的学习会变得越来越有趣，每个人都有一个智能助手来提示和辅导你的学习，将线上线下模式结合起来、家庭与课堂结合起来，大家都越来越热爱学习。

5.2.5 智能环保

这几年生态恶化、雾霾等环境问题日益严重，环保已经成为大家热议的话题，该话题也引发了消费者对环保家居的关注。研究表明，中国53.8%的消费者在选购时很注重产品的环保性，特别是对于家居产品，有36%的消费者将环保作为首要标准。

智能环保是借助物联网技术，把感应器和装备嵌入到各种环境监控对象（物体）中，通过超级计算机和云计算将环保领域的物联网整合起来，从而实现人类社会与环境业务系统的整合，以更加精细和动态的方式实现环境管理和决策。智能环保不仅可应用于智能家居之中，在智慧城市等方面也有重要的应用。图5-7所示为智能环保系统。

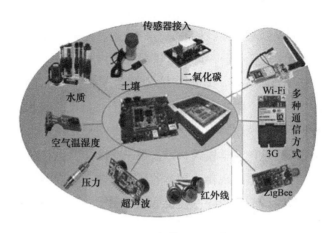

图5-7　智能环保系统

智能环保系统的总体架构包括：感知层、传输层、智能层和服务层。感知层是利用任何可以随时随地感知、测量、捕获和传递信息的设备、系统或流程，实现对环境质量、污染源、生态、辐射等环境因素的更透彻的感知。传输层是利用环保专网、运营商网络，结合3G、卫星通信等技术，将个人电子设备、组织和政府信息系统中存储的环境信息进行交互和共享，实现更全面的互联互通。智能层是以云计算、虚拟化和高性能计算等技术手段，整合和分析海量的跨地域、跨行业的环境信息，实现海量存储、实时处理、深度挖掘和模型分析，实现更深入的智能化。服务层是指利用云服务模式，建立面向对象的业务应用系统和信息服务门户，为环境质量、污染防治、生态保护、辐射管理等业务提供更智能的决策。智能环保对于政府、企业、社会、家庭都具有重要的价值，人们在家居中也可以感受到智能环保带来的好处，如智能空气净化、智能垃圾处理等，都可以给人们的生活带来方便，并且为环保做出贡献。

5.3　智能教室

近些年，我国教育信息化发展迅速，而面对我国拥有的全世界规模最大的中小学教育群体，改变学校传统的教育理念和教学模式，提升教师信息化素养，已成为"十三五"期间教育信息化工作的重点。在"面向现代化、面向世界、面向未来"方针的指引下，全国各地方及相关部门正在积极开展信息技术与教育教学深度融合的探索，"智能教室"应运而生。智能教室是数字教室和未来教室的一种形式，是一种新型的教育形式和现代化教学手段。基于物联网技术集智能教学、人员考勤、资产管理、环境智能调节、视频监控及远程控制于一体的新型现代化智能教室系统，是推进未来学校建设的有效组成部分。

在学校，课堂教学环节是学生接受系统教育最重要的一环，做好教学互动环节，是保证教学环节的质量，提高教学水平的关键。现在，课堂教学模式完全变了，计算机、投影仪、电子白板、实物展台及即时反馈系统，组成了一个"智慧教室"。通过智能教室系统，一堂课的上课过程可以即时生成。课后，任课教师将生成的课上传云平台，学生通过学校发的个人账号，登录学校云平台，可随时重温课堂内容。

智能教室的快速普及更加说明，如今传统的教学方式，已经不能适应现代化教学的需要。在网络等渠道的刺激下，学生的思维越来越耐不住寂寞。因此，改进授课方式不仅是提高教学效率的重要手段，也成为吸引学生注意力的主要途径。为提高教学质量和教学效率，很多学校都启动了信息化教学模式，"人手一个iPad"也日益成为在校学生的"标配"。传统的教学方式已经不适应现代化教学的需要，基于物联网技术集智能教学、人员考勤、资产管理、环境智能调节、视频监控及远程控制于一体的新型现代化智能教室系统正在逐步地推广运用。智能教室作为一种新型的教育形式和现代化教学手段，给教育带来了新的机遇。

智能教室基于物联网技术，主要由教学系统、LED显示系统、人员考勤系统、资产管理系统、灯光控制系统、空调控制系统、门窗监视系统、通风换气系统、视频监控系统等组成，如图5-8所示。未来教室是智能校园建设中的一个重要成果，它将彻底颠覆学生和家长对传统教室的想象。在这个教室里，最大的变化是没有黑板，也没有粉笔，更没有教科书，只有一个像超大屏幕的电子白板，教师的手轻轻一指，所有的教程就以图文并茂、声像结合的形式出现在学生的眼前。而学生也不再需要背着几公斤重的书包，只要随手拎一个"电子书包"即可轻松上课。电子书包里装满了生动有趣的互动教材，能在上面直接做好作业并提交，也能在上面回答教师提出的问题，它就是一个专用的学习Pad。

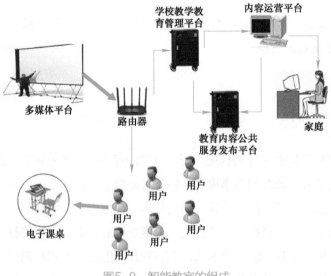

图5-8　智能教室的组成

　　除了可当场布置课堂作业，并迅速反馈学生答题情况外，只要有网络，学生在家里或者在别的地方，就可以和教师进行远程互动，向教师提交作业，教师也可以即时在线批阅。据了解，未来教室最大的特色在于互动连接，除了课堂多媒体互动，还可以通过远程互动系统实现班级与班级、学校与学校之间的高清互动学习，学生就像坐在一个超大公共课堂，分享来自全球最好的教师的讲座与教学资源，学生共同学习书法、聆听国学，在这个未来教室里，可真正实现"天涯若比邻"！

　　走进"智慧教室"，液晶智能触控交互一体机、专业讲台、激光投影机、投影白板、高清录播系统、高清云台摄像机，Wi-Fi全覆盖、学生配套Pad等不仅让人眼前一亮，更加值得人们特别关注的是，"智慧教室"的教学实现了多屏互动、能效管理、智能点名、数据自动采集等功能，为开展信息化教学模式和教学方式的探索，以及研究教育技术学专业和各师范专业的师生提供了积极有效的教学实验环境。

　　目前，已经有学校开始进行智能教室的尝试。2016年，天津首个"汽车专业一体化智慧教室"在天津交通职业学院投入使用。据介绍，该项目由天津交通职业学院和上海景格科技股份有限公司校企共建，引入智能一体机、录直播车等信息化教学设备，与虚拟教具、智能教具深度结合，构建智能化、虚实互联的网络实训环境，为职业教育插上"互联网+"的翅膀。在互联网+浪潮下，把各种系统连接起来，把系统和人连接起来，实现跨终端数据采集、信息挖掘及分析，打造高效、便捷、舒适、智能的"智能教室""智慧校园"，是大家共同的愿望。

5.4 智能酒店

　　智能时代的到来结合互联网+，率先构建起了"大数据"化的互联互通体系。在这场不可抗拒的时代变革中，酒店行业找到了自己全新的定位和坐标。智能酒店就是以通信新技术计算机智能化信息处理，宽带交互式多媒体网络技术为核心的信息网络系统，能为消费者提供周到、便捷、舒适、称心的服务。

　　智能酒店是内部管理智能化。这里的内部管理指的是酒店内部营运数据处理和人员管理。比如，酒店内部每天的营业数据、财务数据分析、员工工资及成本核算、员工奖励制度核算等。当今的酒店内部管理智能化，往往体现在酒店管理系统这个软件平台的处理能力上。

　　智能酒店是客服管理的智能化。这里的客服管理指的是对客人入住酒店过程中所能享受到的一切服务的管理。从飞猪早先提出的"信用住"，到携程随后跟进的"闪住"，再到住哲已经落地的"刷脸入住"，通过数据打通和硬件落地实现对前台人工的替代或者是"打通"数据给前台"加持"。德国酒店技术服务商conichi的智慧酒店解决方案在某种程度上实现了上述构想的落地。据介绍，conichi在Beacon技术支持下，客人（携带智能手机）进入信号发射器设定范围内，就会立刻被酒店前台系统认出，相应的软件就会提醒员工客人已经抵达，前台和客房的服务人员可以及时对客人做定制化的服务准备。客人来到客房门前，用身份证或会员卡就可以打开电子门锁；打开客房的门时，房间走廊的廊灯会自动亮起，客人把卡插入取电开关，房间会根据客人入住的时间，如晚间，适时地选择了相应柔和的夜景模式，床头灯亮了，小台灯亮了，电视自动打开了，背景音乐放着柔和的音乐，客人愉快地享受着沐浴，然后轻触床头的触摸开关，选择睡眠模式，走廊的小夜灯亮，其他灯熄灭了。愉快的入住时光结束了，客人来到大堂，刷了一下会员卡，就会自动在卡中扣除了费用。客人在账单上签下自己的名字，走出了酒店。同时，客人入住期间，通过大数据分析及客人物理位置的变动，酒店可以对客人进行灵活、精准的营销和定制化的服务。然而，在conichi以往的宣传中，其所依赖的Beacon技术只能感知30m范围。不过有业者向TBO透露，conichi会在近期推出2.0产品，新的产品会令感知范围扩大到几公里。

酒店智能化系统包括安防系统、网络电话系统、电视广播系统、设备能源管理系统、运营系统、会议系统、套房智能化系统、娱乐系统、信息发布系统等。智能酒店客房的具体结构如图5-9所示。

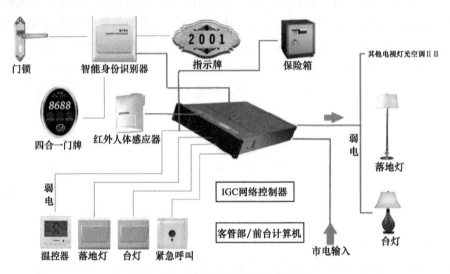

图5-9　智能酒店客房的具体结构

未来的酒店到底有多智能？全球酒店预订网站Hotels.com亚太总经理Abhiram Chowdhry表示，未来的酒店将变得更加智能化，旅游的人们不再需要携带行李，3D打印就能打出所有需要的东西，增强现实技术（AR）可为住户提供娱乐服务，进出房间只需面部识别一下，再也不用携带门卡。虽然真正实现智能酒店的愿景仍需数十年，但一些技术已在开发之中了。

5.5　智能养老

目前，中国已经成为世界上老年人口最多的国家，人口老龄化速度加快，养老产业急需升级。近十年来，我国65岁及以上人口逐年增加，2015年已经达到1.44亿，占总人口的16.5%。随着老龄化人口比例的增加，心脑血管疾病、高血压以及糖尿病等慢性疾病的发病率也会增加，对医疗资源的依赖和消耗也会随之增加。目前，养老产业体系信息技术应用水平较低，急需利用新一代的信息技术产品，最大效率地利用医疗资源，推动信息消费增加和产业升级。智能养老是新近流行的一种养老概念，是指利用物联网、云计算、大数据、智能硬件等新一代信息技术产品，实现个人、家庭、社区、机构与健康养老资源的有效对接和优化配置，推动健康养老服务智慧化升级，提升健康养老服务质量和效率。图5-10所示为智能养老模式图。

图5-10　智能养老模式图

智能硬件是"智慧养老"的基础，包括智能穿戴设备和智能摄像机。其中，智能穿戴设备可守护空巢老人的健康，通过智能穿戴设备采集用户的心电、血压、心率、体温等各种类型的健康数据并上传到云端，实时监测老年人的身体健康状况，还能实现求助报警功能，老年人一旦遇到危险便可一键求助。但是对智能穿戴设备厂商来说，如何充分利用这些采集到的数据真正为老人生活服务、做到智慧养老，才是目前亟待解决的问题。智能摄像机作为安装在家里的设备，更多的职责是守护空巢老人的家庭安全，还能让在外工作的儿女实时查看老年人的生活状况，并进行沟通和对话。智能家居能为老年人提供更智能化、更便捷的生活，极大地提高老年人的生活品质。

在中国社会人口老龄化的趋势下，养老问题的研究显得尤为突出。同时，伴随着独生子女现状产生的空巢、独居老人的问题也引起了社会广泛关注。由于老年人需要更多关怀与照顾，如何确保空巢、独居老人的健康与安全就成为了当下亟待解决的社会问题。因此，将智能、节能技术等现代技术与传统的居家养老模式相融合，构建一种智能养老型住宅的信息远程监控系统尤为重要。目前市场上已经有基于传感器技术、嵌入式技术、图形用户界面（Graphical User Interface，GUI）技术及数据库技术构建的智能养老住宅远程监控系统，将Qtopia图形用户界面软件及MySQL数据库应用于老年人生命体征、室内环境参数及家居设备的监控中，可成功实现对老年人体温、心率、血压以及室内温度、湿度、光照等参数进行远程监控，并确保系统的跨平台运行。为解决老年人，尤其是空巢、独居老人的养老问题提供了帮助，使老年人可以健康、安全、幸福地度过晚年生活。图5-11所示为智能养老监控系统。

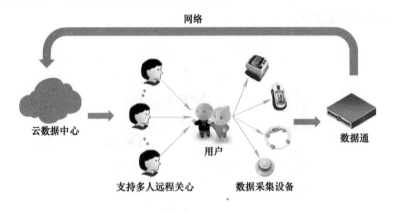

图5-11　智能养老监控系统

　　智能养老系统可以远程监控老人的生活。如果老人走出房屋或摔倒，则智能手表设备就能立即通知医护人员或亲属，使老人能及时得到救助服务；当老年人因饮食不节制、生活不规律而出现各种亚健康隐患时，智能居家养老设备的服务中心也能第一时间发出警报；智能居家养老设备医疗服务中心会提醒老人准时吃药和注意平时生活中的各种健康事项；如果灶上烧着东西却长时间无人问津，那么安装在厨房里的传感器就会发出警报，如果报警一段时间还是无人响应，煤气便会自动关闭；老人住所内的水龙头，一旦24h都没有开启过，报警系统就会通过电话或短信提醒老人的家人。最重要的是，智能居家养老可以在老人身上安装GPS全球定位系统，子女再也无须担心老人外出后走失。

　　"智能养老"能全方位监测老人的健康状况。比如智能健康手表、手腕式血压计、手表式GPS定位仪等（见图5-12），不仅能随时随地监测老人的身体状况，也能知晓他们的活动轨迹；通过对家中的厕所进行改装，系统便会自动监测老人的尿液、粪便等，这样一来，老人在上厕所的同时，也完成了医疗检查。系统监测到的数据将直接传送到协议医疗单位的老人电子健康档案中，一旦出现数据异常，智能系统就会自动提醒老人及时体检。

　　智能养老系统（图5-13）可以充当老人的"隐形伴侣"。如果老人想休闲休闲，系统会告知老人当天的电视节目、社区开展的活动等内容；如果家中房门上安装了娱乐传感器，当老人进门时，则会自动播放主人喜爱的音乐，并适时调节室内暖气和灯光。

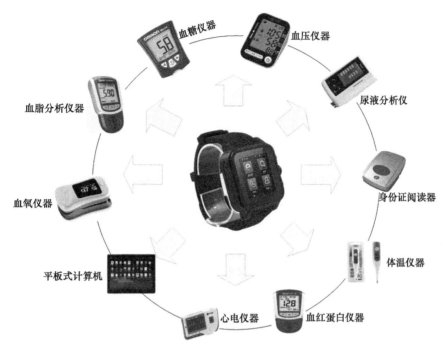

图5-12 智能健康手表

同时，要发挥社区服务中心、街道、医院等的作用，在老人、社区养老服务站、街道办之间建立高效联动机制，真正实现对老人的实时看护照顾。

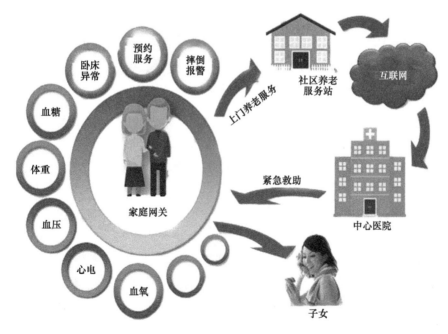

图5-13 智能养老系统

不过值得一提的是，智能养老要避免进入误区，不能忽视养老服务和心灵呵护的任务，智能养老只是隐性陪伴，老人的物质需要是有限的，更多的是心灵需要。人性的关怀才是最终目的，在老人最无助的时候援手相助，是社会的职责。

5.6 智能社区

自互联网开始深入普通生活之时，新的关键词"智慧社区"便也开始衍生。智能社区的形成，一方面得益于互联网的强大，另一方面则来源于一群有互联网思维的团队。智能社区是智慧城市概念之下的社区管理的一种新理念，是新形势下社会管理创新的一种新模式。智能社区指充分利用物联网、云计算、移动互联网等新一代信息技术，为居民提供一个安全、舒适、便利的生活环境，从而形成基于信息化、智能化社会管理与服务的新型管理模式的社区。

近几年来，随着国家智慧城市和智能社区建设工作的日益深入，在搭建云计算基础平台的同时，需要开发基于云计算的智能社区综合管理系统，该系统以云计算平台为枢纽，通过智能社区融合服务平台（包括数据管理系统、统一门户、统一协同系统等）将社区运营管理系统、智慧养老服务、社区安防系统、社区节能监控系统、智能家居系统、社区物业服务系统等社区子系统有机结合起来，向社区居民提供全面的、便捷的、开放的服务项目，如图5-14所示。

图5-14 智能社区平台

智能社区有五个性能指标，包括安全性、耐久性、实用性、经济性和环境化，这为社区发展提供了一个有用的框架，以助于进行规划、发展和评估，由此在宽带经济下，打造一个繁荣的本地经济市场。同时，社区也可以利用这些指标，将整个社区建设成为知识劳动力发展的平台，从而实现整个社区创新水平的提升。

根据社区智能化五个性能指标的要求，在充分保证居民安全、居民对未来宽带数据信息剧烈增长的需求和实现家庭网络终端智能化的基础上，以社区群众的幸福感为出发点，通过打造智能社区为社区百姓提供便利，从而加快和谐社区建设，推动区域社会进步。基于物联网、云计算等高新技术的"智慧社区"是"智慧城市"的一个"细胞"，它将是一个以人为本的智能管理系统，有望使人们的工作和生活更加便捷、舒适、高效。智能社区主要包含以下方面，如图5-15所示。

1）智能物业管理：针对智慧化社区的特点，集成物业管理的相关系统，如停车场管理、闭路监控管理、门禁系统、智能消费、电梯管理、保安巡逻、远程抄表、自动喷淋等相关社区物业的智能化管理，实现社区各独立应用子系统的融合，进行集中运营管理。

2）电子商务服务：社区电子商务服务是指在社区内的商业贸易活动中，实现消费者的网上购物、商户之间的网上交易和在线电子支付以及各种商务活动、交易活动、金融活动和相关的综合服务活动，社区居民无需出门即可无阻碍地完成绝大部分生活必需品的采购。

3）智能养老服务：现在老人居住的环境有两种最常见，一种是住在家里，另一种就是住在养老院，针对这两种情况分别提出智能养老的方案，其最终宗旨是使老人有安全保障，子女可以放心工作，政府方便管理。家庭"智能养老"实际上就是利用物联网技术，通过各类传感器，使老人的日常生活处于远程监控状态。

4）智能家居：智能家居是以住宅为平台，兼备建筑、网络通信、信息家电、设备自动化，集系统、结构、服务、管理为一体的高效、舒适、安全、便利、环保的居住环境。

图5-15　智能社区服务

5.7　国内典型平台案例

智能家居的概念是以家庭住宅为基础平台，集合了操作系统、服务架构、人工智能、智能管理、云端服务为一体的，能够为人们提供更加舒适、安全、便利生活的居住环境的一种智能服务。智能家居平台能够使人在整个家庭空间内成为随心所欲的操控者，智能家居平台的出现有利于优化人们的生活方式，帮助人们节省不必要的时间，有效增强家庭安防措施并且能够让人们有智能的交互体验。智能家居平台设计应该满足智能性、安全性、舒适性和标准性的要求。现在已有很多国内外厂家开发了多种多样的智能家居平台，大部分厂家已经开始推广基础性应用。本节主要介绍一些国内的智能家居典型平台。

5.7.1 海尔U-home

海尔U-home隶属于海尔集团，是全球领先的智能家电家居产品研发制造基地，是智能化产品的供应商和整套智能化解决方案的提供商，是全球智能化产品的研发制造基地，可以让人们享受到高品质的生活，让家和世界同步成为人们的生活理念，给更多使用海尔产品的用户提供个性化的产品。

海尔集团倡导的这种创新、高品质的生活方式被认为是未来家庭的发展趋势。海尔集团先后建立了U-home开发团队和世界顶尖的实验室，使海尔集团拥有了多项专利和自主专有技术；海尔集团的团队由包括近20名博士在内的高素质的智能家电专业人员组成，先后提出了智能家居、智能医疗、智能超市、智能安防、智能交通等解决方案。它与世界多家国际知名企业建立起了研发试验室，在信息化发展极快的时代，海尔智能家居是海尔集团研发的一个重要新境界。海尔智能家居以U-home系统作为一个重要的高平台，利用有线和无线网络连接的方式，把智能家居设备通过网络连接起来，达到了"家庭""社区""世界"之间的物物相连，实现了信息之间的互相传递，并且通过物联网实现对智能家居的感知和控制，从而使用户享受到了更高品质的生活。

海尔智能家居生活对体验海尔智能家居的用户的保证是：不管在哪，家都在用户的身边，给用户营造安全、健康、智能、温馨的家，轻松解决用户生活中的烦恼，让用户享受无时无刻的高品质生活方式，如图5-16所示。

图5-16　海尔U-home功能布局

海尔集团拥有全线的智能家用电器，拥有合法的SP服务资质，其中短信服务成为基本的平台，实现了远程控制、短信通知，为家电的故障反馈提供了一系列的保障，其中包括白家电和黑家电，完整的产品线让海尔的智能家居系统具有融合性和实用性，如图5-17所示。

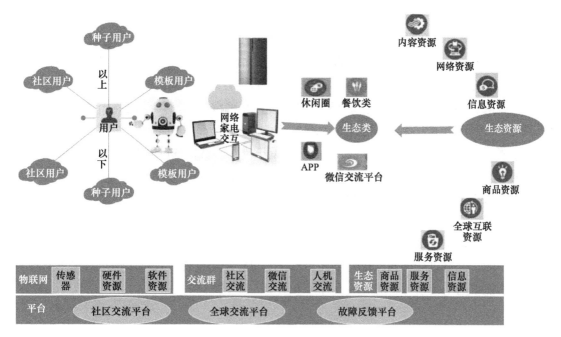

图5-17　海尔智能家居平台功能汇总

5.7.2　华为HiLink

HUAWEI-HiLink是华为开发的智能家居开放互联平台，着重解决智能平台、云端、移动设备之间的连接问题。这个平台的功能主要包括智能连接、智能联动两部分。目前的大部分智能家居平台来自于各个不同的厂商，导致许多功能不可以共享使用，这和给消费者提供更美好生活的本质相背离。

HiLink智能家居平台原则上是为了让接入该平台的各智能终端之间可以互相识别、联通，从而可以联动并为消费者提供全新的生活体验。支持HiLink的终端之间可以实现自动发现、一键连接，无需烦琐的配置和输入密码，能够在一定范围之内自动接入设备。在HiLink智能网络之中，配置修改可以在终端间自动同步，实现互相"学习"，不用手动修改费时费力。支持HiLink开放协议的终端，可以通过网关、云端以及APP对设备进行远程控制。

它可以快速接入，简化流程，安全可靠，兼容多种协议，并且支持SDK开放，是继华为海思芯片之后中国公司的又一重大成果。

5.7.3　小米智能家居平台

小米智能家居主要采用的是自己家的米家设备，消费者通过不同的产品体验不同的方面，最终由APP统一控制。小米路由器的出现预示着小米路由器最初的产品定义："第一是最好的路由器，第二是家庭数据中心，第三是智能家庭中心，第四是开放平台。通过小米路由器、小米路由器APP、小米智能家庭APP可实现多设备智能联动，设备联网、影音分享、家庭安防、空气改善等功能和应用场景十分丰富。"

2015年1月，小米路由器销量已突破百万，在国产路由器销售中处于领先地位。2015年6月，小米智能家庭在线设备超1000万台、APP安装用户超1500万、日活跃用户超200万，业已成为全球第一智能家居平台。2015年小米的社会影响力在中国已经远远超过其他国产新兴品牌，消费群体也趋向于年轻人，证明它更容易让年轻消费者接受，并开始打造属于自己的智能家居平台形式。2015年6月26日，小米智能家居与金地集团达成合作，七城联动，全国近万家金地业主将使用小米智能家居系列产品。

小米进入智能家居的策略是制造基础终端并与外部合作或战略投资细分市场创业公司，通过小米廉价产品的优势，迅速把产品价格拉下来，加上其外观设计出色，软件的实用化，通过小米电商与资本和品牌的迅速带入，快速提升产品销售量。小米自身的核心还是手机、路由器、MINU系统，小米通过周边丰富的生态和产品销售量来创造属于自己的智能家居平台，维持更多的消费群体，不断融资进行更多新产品的投入。消费者通过购买多种多样的产品来进行体验，最终体会到真正的智能家居系统并且可以通过小米不断地为家中的智能家居平台增加新的终端设备，不至于一成不变。

5.8 国外典型平台案例

5.8.1 三星Smart Home

2014年8月，三星并购了智能家居开放平台SmartThings，并着重推动其在"物联网"方面的计划。SmartThings的技术可以让三星智能手机、智能手表等硬件设备的使用者通过操控这些日常设备，轻松控制智能家居设备。因此，SmartThings已被视为三星智能家居和"物联网"计划的重中之重。

三星的Smart Home智能家居平台能够让用户通过一个单独的APP管理所有已经联网的家电和智能设备终端，使各设备终端间的联系更加便捷，如图5-18所示。而且三星也不断拓展本公司的其他设备进行适配，让更多的移动终端可以连接到这个平台中来，并积极与第三方厂商合作，努力使这一平台覆盖至家庭能源、安全管理和医疗保健等领域，在智能家居市场占领更多的份额，况且三星作为大厂商，开发软硬件的能力是有目共睹的。

图5-18　三星Smart Home功能示意图

从功能方面来说，智能家居会形成一个统一的物联网管理中心。其操作工具可以是智能手机、智能穿戴设备，亦或是其他新产品，只要是智能终端，所有可以连入网络的家用电器、安全设备，都将受这个管理中心的统一控制。

从体验方面来说，未来智能家居将更大程度地智能化。一方面，智能家居可以自动感知用户的地理位置甚至是日常习惯，帮助用户在回家之前或离家之后完成一些平时主人常需要完成的任务。另一方面，未来智能家居在识别自然语音的基础上，能一定程度地实现与主人进行简单的对话交流，并通过文字的形式显示出来。这样与用户产生交互非常重要，这是在自动化、智能化基础上一个十分人性化的设计，也可以说是一项重大突破。

从市场方面来说，智能家居注定会是下一个物联网发展趋势。如果智能家居在未来的20年形成一个比较成熟的产业链，那么仍将像目前的智能手机市场一样，是大厂之间的游戏，70-20-10定律在科技行业中是一个永远不变的道理。三星最大的优势就是，它是一个开放的平台，SmartThings创始人兼CEO Alex Hawkinson表示：我们将信守承诺，通过一个真正开放的物联网平台，提供最简单的智能家居方案，最大化地促进行业的合作和创新。其平台功能如图5-19所示。

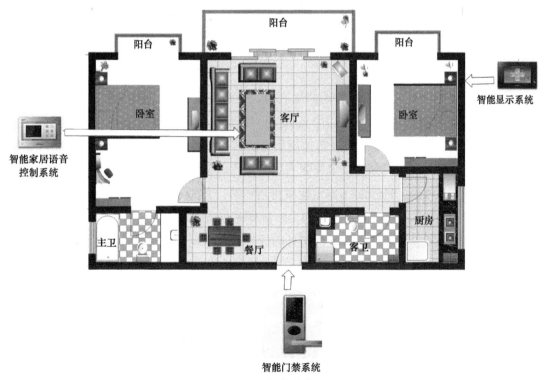

图5-19　平台功能展示

5.8.2　苹果HomeKit

苹果公司于2014年举行了全球开发者大会（WWDC），在这次大会上隆重发布了

HomeKit。苹果方面表示，该平台是整合Siri功能并且可让用户通过iPhone和iPad等设备实现对门、窗户、灯光、安防等的控制。苹果准备对第三方产品进行MadeforiPhone（MFi）认证，借此来提高产品的便携性和通用性。

2015年6月3日，苹果第一次公开发布的HomeKit智能家居产品，分别来自5家厂商，这些产品可以通过iPhone、iPad或iPod Touch控制灯光、温度、空调、电视以及其他家用电器。HomeKit智能家居平台作为一款非常实用的智能家居平台，被许多消费者所喜爱，给使用者带来了非常好的智能家居操控体验。2016年6月13日，苹果开发者大会WWDC在旧金山召开，会议宣布建筑商开始支持HomeKit。其特色功能如图5-20所示。

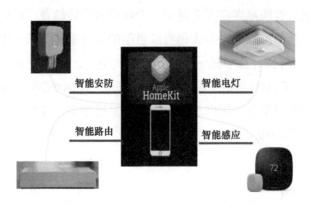

图5-20　HomeKit特色功能

苹果公司希望通过HomeKit智能家居平台，打造一个使用"通用协议"的多设备连接、管理平台，实现形式是对第三方产品进行MFi认证，以此提升设备互联的便捷性。HomeKit平台将允许用户通过iOS设备控制所有的移动终端，能够将iPhone或iPad转化成恒温器、灯光、车库门或门锁等众多智能家居设备的命令系统。

但是，就产品来说，HomeKit本地化做得还不够，大部分产品都是英文名字，不支持自己修改，这会给Siri造成些困扰，因为用户群体不仅有美国人。另外，目前第三方APP虽然不少，但功能重合度较高，并且都是外国软件，这不利于在国内的发展。

5.8.3　美国快思聪（Crestron）

美国快思聪（Crestron）公司是全球领先的先进控制技术和集成方案制造商，在综合触摸屏技术及远程控制应用在全球的技术领域中一直处于领先地位。今天，快思聪公司在逐渐引导着中央控制行业的发展方向，快思聪创新的产品和应用软件重新界定了控制行业，创造了新的市场，这就是快思聪智能家居中央控制系统。快思聪亚洲有限公司1995年成立于香港，是一家知名智能家居品牌，是致力于为客户提供直销与技术支持的控制和自动化系统的制造商。

快思聪智能家居中央控制系统是目前最先进的家居智能化集中控制系统，可以通过电话、网络、触摸屏、按键面板以及遥控器等移动终端，对居家生活中的音视频设备（DVD、VCD、等离子、投影机、音响等）、数字家庭影院、灯光照明、电动窗帘、温度调节、安防监控、健康保健设备和各类网络家电进行集中控制和远程控制，如图5-21所示。

图5-21　快思聪智能管理系统

快思聪生产的触摸屏及控制系统已成为目前智能家居平台少有的国际标准之一。利用快思聪7.1环绕声处理器、数字家庭影院、家居整体音响及视觉功效、灯光、室内气候环境控制，快思聪将为用户提供一站式的整体家居电子控制系统解决方案——快思聪整体家居技术（Total Home Technology）。

快思聪为世界领先的控制系统自动化的制造商，其经过40年的发展积累了很多的经验，不断创新科技及重新塑造人类的生活和工作方式。快思聪产品透过智能集成设计（Integrated by Design）提供全面一站式的技术解决方案。快思聪所建立的平台无论何时何地，都能透过单一平台监察、管理及控制所有科技设备。快思聪在智能家居系统和电子会议系统方面被授予"十大住宅智能化产品品牌"和"十大电子会议系统品牌"两个重要奖项，同时荣获中国智能建筑品牌奖、建筑照明十大优秀品牌。

5.8.4　施耐德Schneider

施耐德智能家居主要包含家居布线系统、家庭网络系统、智能家居（中央）控制管理系统、家居照明控制系统、家庭安防系统、背景音乐系统、家庭影院与多媒体系统、家庭环境控制系统八大系统。其中智能家居控制管理系统、家居照明控制系统、家庭安防系统为必备系统，其他为可选系统。必备系统因可实现家居主要功能可称为智能家居，可选系统则不能直接称为智能家居。

施耐德智能家居以住宅为平台，可使家庭生活更加智能、方便、舒适、安全，具体有以下几大特点。

1）操控简单：可以随心所欲地打造多种多样的光影效果，在一键开关的同时还可以实现记忆亮度，不仅能坚持节能环保的理念，而且不会影响体验效果。

2）安装便捷：系统可以与家中现有的家电设备对接起来，轻松实现智能远程操控，不需要重新选购设备，更无须破坏隔墙。

3）延展轻松：家居安装相对应模块就可实现智能远程控制，这一研发的核心是针对那些已经装修好的家庭，可简单轻松地升级为智能家居，不需要破坏原有装修格局。

4）实用为主：坚持实用为核心，打造满足客户需求的智能家居产品，为客户提供切合实际的舒适、轻松、智能化的环境。

5）可靠贴心：系统24h不间断运转，还可以根据多种环境变化采取应对措施，全方位保障智能家居安全。

5.8.5　霍尼韦尔智能家居系统

霍尼韦尔在业内的知名度很高，这主要归功于其产品和技术的专业度与成熟度，以及其坚持为所有用户提供高质量智能生活的理念。

霍尼韦尔智能家居系统控制主机拥有性能稳定、功能强大、实用性强等优点，特别完善了产品外观设计、网络性能、无线功能等特性，具有亲切的、友好的、人性化的软件系统控制界面，无论何时何地，都可以通过智能家居系统控制家电设备和实现监视功能，设置以后更是可以随意实现控制灯光开关及调光、空调控制、电动窗帘控制、新风控制、采暖控制、安防监控控制等功能，同时还支持红外人体报警、燃气报警、烟雾报警等功能。

作为目前功能最全面、性能最稳定、质量最有保障的智能家居控制主机，其具有以下特点。

1）霍尼韦尔开发并运用一站式的方式整合了全部的智能操控系统，可对灯光、窗帘、新风系统、中央空调、地暖控制、安防系统、监控系统、背景音乐控制、红外家电和场景模式进行集中控制、远程控制及预约控制。

2）无线控制给家庭装修用户节省了大量开支，并且方便用户的后期维修。

3）用户可以自己动手设计自己想要的模式，操作软件简单易学。

4）界面人性化，适用人群广泛，简单易操作。

霍尼韦尔还拥有MoMas智能家居系统，它是一个完整的智能生态体系。在其中，网关是最为核心的产品，但它颠覆了传统网关工业化的设计：通电之后，可以显示时钟、空气质量、温湿度等环境信息，并能够使用语音交互，实际上是一个家庭网络的控制中心。

5.9　本章小结

在国家大力推动工业化与信息化两化融合的大背景下，物联网将是家居行业乃至更多行业信息化过程中一个比较现实的突破口。一旦物联网大规模普及，无数的物品需要加装更加小巧智能的传感器，用于家居设备的传感器与电子标签及配套的接口装置数量将大大超过目前的手机数量，物联网是下一个超过万亿元的行业，苹果、谷歌、亚马逊等这些享有名气的科技公司都在探寻物联网前进的方向。

随着技术的不断发展，智能家居将不会停留在用手机取代遥控器的时代。未来掌握深度学习的智能家居将拥有控制习惯的能力，这些智能家居建立在大数据的基础上，根据用户的偏好让使用者获得更独特的体验。物联网技术将无处不在，人们很难再找到没有连接互联网的设备，哪怕是一个最普通的水壶。今天，人们已经可以通过手机来操控电灯、空调甚至是汽车，物联网正在以多样化的形式侵入人们的生活，而智能家居所面对的消费群体是庞大且广泛的，随着物联网的发展，智能家居也必将得到更快速的发展，涌现出更多更广的应用，给人们的生活带来更加便捷、舒适的体验。

思考题

1）简述智能家居有哪些典型应用。

2）简述智能家庭由哪些部分组成。

3）举例说明智能教室具体有哪些应用。

4）智能酒店与传统酒店有什么区别？

5）简述海尔U-home的主要功能。

6）根据自己的理解收集资料，列出智能家居的一个典型应用。

实训5　智能家庭典型应用演示

1.　实训目的

1）了解智能家庭的组成。

2）了解智能家庭中智能安防的基本原理。

2.　实训设备

实训箱或智能家居实训套件、PC1台、无线节点1个、红外传感器1个，相应配套软件1套。

3. 关键知识点

1）传感器的分类。

2）无线组网的基本知识。

4. 实训内容

利用无线节点连接红外传感器和报警器，模拟有人入侵时，通过红外传感器感知然后报警器报警的过程。

5. 实训总结

通过本实训对智能安防控制有了一定认识，对传感器、无线组网的概念有了一定了解，为以后学习更深层次的智能家居知识打下了良好的基础。

第6章
CHAPTER 6

智能家居未来发展趋势

曾几何时，智能家居只是一个遥不可及、纯粹想象中的概念，而如今，随着科技的发展、人们生活水平的提高以及一浪高过一浪的智能热潮，智能家居行业已经取得了迅猛的发展并日益渗透到平常百姓的生活中。

由于诸多原因，智能家居在我国的发展步伐相对缓慢，作为一个新生产业，目前在国内正处于一个成长期的临界点，市场消费观念还未形成，创业者所推出的相关智能硬件产品不是总能令人满意。但随着智能家居市场的进一步推广普及，逐步培育消费者的使用习惯，智能家居市场的消费潜力是巨大的；国家政策扶持与规范引导、智慧城市建设的逐步深入与完善，也为智能家居的发展注入了原动力，加之物联网技术的发展与兴盛，更是给传统智能家居指明了发展变革之路，家居大智能化时代已经到来，智能家居发展已经呈现百花齐放之势。

苹果WWDC上HomeKit平台发布，Google收购Nest、Dropcam，凭借Android构建OHA联盟，微软与智能家居公司Insteon合作，三星依托强大的软硬件全产业链能力打造Smart Home智能家居软件平台，国内的海尔、长虹、美的等传统家电厂商纷纷抢滩智能化产品，更有华为、小米、乐视等互联网企业跨界而来，就连BAT（百度、阿里巴巴、腾讯）这样的中国互联网大佬也忍不住强势杀入智能家居市场。由于智能家居巨大的市场潜力，市场竞争逐步加剧的同时，智能家居热潮正席卷全球，未来这种形势还将愈演愈烈。

本章主要介绍智能家居在发展过程中存在的若干问题，预测智能家居未来的发展方向。通过对本章的学习，读者能够了解制约智能家居发展的瓶颈，认识智能家居产业发展和技术变革的现状以及将来可能的发展趋势。

6.1 智能家居存在的一些问题

尽管智能家居目前已经进入了一个新的爆发期，但调查数据却显示，有87.5%的消费者对智能家居产品的发展现状不满意。以下将从技术层面、行业层面、产品层面和用户层面，分别介绍智能家居目前仍然存在的一些问题。

6.1.1 技术与价格的制约

几乎所有关于智能家居的描述都为我们展示了这样一幅美好的场景：早上，屋子的窗帘自动打开，阳光透过窗照射进来，智能家居系统检测到主人从梦中苏醒，开始播放轻柔的音乐，美好的一天开始了。工作的时候，书房的灯光、空调开启，房间响起了舒缓的音乐，计算机自动打开，检测到有人走进书房后，房门轻轻合上。外出前，门窗合上，红外检测系统开启，一旦发现有门窗异常开启、室内有人活动（入室盗窃）、湿气过重（水灾）、烟雾过重（火灾）、天然气泄漏等情况，智能家居系统将自动推送报警信息给主人，由主人决定处理方式，可以将报警信息转发给物业处理。另外，出现天然气泄漏、用电异常等情况，智能家居系统会自动断电、关闭天然气。

结束了一天的工作后回家休息。回家前20min，空调已经打开。打开门的一瞬间，客厅灯光开启，一阵凉风袭来，电视打开并自动搜索主人喜欢的节目。主人走进客厅，躺在沙发上，沙发开始自动按摩，扫地机器人忙碌起来。想玩游戏时，VR游戏设备自动开启，检测到主人带上VR设备后，空调根据人体状态，自动调整到最舒适的温度，灯光关闭，保证主人能全身心地投入到游戏当中。要睡眠了，全家灯光关闭，小夜灯自动开启，智能家居睡眠系统检测到主人进入睡眠状态，小夜灯缓缓关闭，室内安防自动开启。智能家居系统自动调高空调温度，避免主人受凉。睡眠期间，智能家居系统检测到主人苏醒，将缓缓开启小夜灯，若主人下床上厕所，走廊灯、厕灯也会依次开启，方便主人活动。

这些描述随着电视、电影、新闻媒体、各路厂商的口号和宣传，铺天盖地而来。一时间，厂商推出的新品几乎无一不"智能"，互联网企业、初创企业、甚至传统行业的各种家电企业、厨具企业、房地产企业等几乎无一不成了"智能"的供应商。但是国内2015年的一份研究机构调研数据显示，对于目前的智能家居产品，33.3%的用户觉得并不实用，50%的用户感觉产品太贵，这说明智能家居产品在实用性和性价比等方面并不能让人满意，而技术是一个重要的因素。

1. 传感器技术尚未达到智能环境感知

环境感知技术是随着普适计算的研究发展起来的概念，是指通过传感器及其相关的技术使智能设备能够"感知"当前的环境并据此做出一些响应。简单地说，环境感知技术就是智能家居系统的眼睛、耳朵和鼻子，承担着信息源头的重要作用。在智能家居系统中加入环境感知技术，可以使智能设备根据实际家居环境的不断变化提供个性化的服务，这是智能家居研究的一个重要方向，是实现智能家居"智能"的先决条件。在智能家居系统中加入环境感知技术，可以让智能家居系统去主动"察觉"家庭环境的变化，"推测"用户的各种需求，并依据环境条件的变化和用户需求提供个性化服务，使智能家居系统更加"智能化"。

智能家居自动感知、自主运行依靠的是传感器的感知，然而目前传感器的技术还需提升，特别是国产的传感器。没有微型、可靠、灵敏的传感器，所谓的智能系统将会陷入瘫痪状态。传感器已成为我国物联网发展的瓶颈，成本高、寿命短也造成智能家居推广阻力较大，难以全面普及和广泛运用。

2. 智能控制技术仍处在发展阶段

智能家居的智能控制技术主要包括智能家居数据处理技术、人工智能技术、中间件技术、安全与隐私保护技术等。尽管大数据、云计算和人工智能等技术在近几年内有了飞速的发展和长足的进步，但这些技术目前仍未能够在智能家居中得到真正充分的应用。正如马云所说的，"未来三十年，云计算、大数据、人工智能，都会成为基本的公共服务，各行各业都会经受巨大的变化"。但至少目前来看，由于大数据、云计算和人工智能仍处在快速发展阶段，智能家居也仅实现了自动化和初步的智能化，因此未来仍然有较大的发展空间。

3. 符号性大于实用性

为了"智能"而"智能"，使得许多智能家居产品增加的所谓智能功能，符号性的意义大于其实用性的意义。以洗衣机为例，三星WW9000、卡萨帝净水云裳智能洗衣机都是很高档的智能洗衣机。三星WW9000配备5in（1in=25.4mm）触控屏，支持和手机互联，但实际上，WW9000和手机连接之后，功能几乎就是这块显示屏的复制，可以远程实现洗衣功能，包括20余种洗涤模式的选择，并没有创造新的使用模式。卡萨帝净水云裳智能洗衣机在和手机连接之后所能做的操作，也无外乎选择洗涤模式、选择合适的程序等，洗涤完成之后，还可以继续智能烘干、抖散或者关机等，同样没有新的使用模式。一位工程师曾私下表示，大家都在做家电智能化，家电如不加入新的功能总让人觉得不是智能的，虽然自己也觉得没必要，但最后迫于压力只好加了上去。这样的所谓智能功能并不产生任何实用性的意义，用户也不可能把衣服放进洗衣机之后再去找出手机来操作，实现洗衣功能。不仅空调、电冰箱、洗衣机在热推智能概念，就连榨汁机、微波炉也开始智能化，可是微波炉本来就是为了即时加热，没有必要设计通过联网预先加热的系统。可见，在智能家居系统和单品智能化的整合上，需要将精力用在合适的地方。

4. 性价比不高

性价比不高是阻碍智能家居普及和发展的一个重要因素。早期的智能家居需要在装修中敷设，改造工程大，因此使智能家居止步于高端别墅等小众市场。随着智能家居单品的出现及无线网络技术的出现，用户能够以低总价小范围使用智能家居产品，如智能灯光、智能插座。但总体上来说，智能家居产品价格还是超出了人们的心理预期。

一方面，在以规模为主导的家电制造业中，产业化是压低成本、撬动市场的关键，但标准缺失分散了企业的战略方向，使智能家居的生产难以产业化，高科技研发、小规模生产使得智能家居成本居高不下。另外一方面，有些企业想通过智能化功能给产品增加卖点，来获取更高的溢价，这也是有违智能家居的本质的。比如，一个智能灯泡，定位于睡眠的唤醒，其中叠加了很多其他功能，标价400多元。市场上很多其他产品，如智能水壶等，标价也不菲。如果把产品当作孤立的产品来卖，用智能功能来获取利润，在智能家居领域将很难生存，用户也不会买单。性价比才是关键，获取第一批重度饥饿用户，形成口碑式自增长才是正确的市场演变路径。

当然还有另一种极端，就是以损失用户体验为代价，降低成本，推出低价的智能产品。成本价不同于低价，智能产品靠低价是无法打开新兴市场的，损失用户体验更是得不偿失。

6.1.2 标准和协议不统一

任何技术的发展都需要一个统一的标准，才能够完美地实施和持续增长。PC时代和互联网时代能够飞速发展，很大程度上得益于标准和协议的统一。但是智能家居没有共同的标准，所导致的问题就是市场混乱。

在智能家居这个战场上，既有英特尔、高通、德州仪器等老牌科技企业，也有谷歌、苹果、微软、亚马逊这些互联网巨头，还有海尔、三星、LG这些家电厂商以及中国移动、中国联通这类运营商。整个行业由巨头牵头制定标准，中小企业踊跃参与，初创企业百花齐放并逐渐发展壮大。

"当今世界，谁掌握了标准的制定权，谁就在一定程度上掌握了技术和经济竞争的主动权。"原科技部部长徐冠华一语中的。但是各大科技巨头们由于利益划分问题，纷纷倡导建立相关的标准和协议，从而使得如今的智能家居呈现出标准不统一、协议不兼容的乱象。比如，英特尔与三星、戴尔、博通、Atmel等公司联合成立了智能家居设备标准联盟OIC，谷歌、苹果、微软这些互联网厂商则加入了高通主导的AllSeen联盟。而且，苹果自己提出了HomeKit，谷歌收购了Nest并力推Thread。

目前，智能家居行业厂家们各自为营，只保障了自家产品之间的互联兼容性，或者只认同某一种相对独立的标准，这就使得用户使用的智能家居产品之间难以兼容、互联互通，阻碍了智能家居系统的建立。

6.1.3　产品碎片化严重

智能家居目前最显著的特点之一就是"碎片化"。智能家居涉及的行业和包含的设备都十分广泛，在这个前提下，智能家居如果想要发挥最大功能，就要通过实施技术手段，实现系统内的互联互通。但是，抛开有线技术不提，目前比较流行的无线通信标准有ZigBee、Z-Wave和蓝牙等几种，在实际生活中用户家庭很少会选择基于单一技术标准的设备，将"鸡蛋放在同一个篮子里"，正因如此，技术标准在一定程度上解决了同种技术的智能家居互联的问题，同时却又带来了与其他技术的兼容性问题，这在某种程度上阻碍了智能家居的快速推广和普及。

虽然表面上市场呈现百家争鸣、百花齐放的状态，但是无论市场如何火热，还是发现，现阶段的智能终端产品还只是处在模糊智能阶段，还不能和人进行精准交互，以满足各种个性化应用服务需求。智能家居能做到的只是自控，各类硬件产品应用处于割裂状态，智能家居深陷"智能孤岛"境地。这个行业需要一个能实现各品牌设备兼容的协调平台，比如，各种智能设备共同使用的智能家居操作系统，为各品牌产品之间的互联互通互控搭建一个桥梁。未来的智能终端产品应该是智能化、信息化和网络化的结合，真正做到人和产品、产品和产品之间的智能交互。

6.1.4　安全与隐私保护

智能家居系统给广大用户带来了便利，提高了用户的生活质量。各种智能家居设备使许多事情都变得简单易做。但这样的便利却存在着巨大的隐患，如敏感数据导致个人隐私泄露、智能家居被非法入侵。

"便利"向来是把双刃剑，在物联网中传输的数据越多，信息暴露的可能性就越大，存在的安全问题和隐患也会因此而剧增。英国牛津大学的研究人员Abdullahi Arabo在其关于智能家庭技术带来的隐私问题的论文中曾经说过，"在现实中，智能设备所储存的信息比我们大脑中储存的信息都多。这么一来，智能设备很容易成为黑客、木马病毒和未授权用户下手的目标。"远程监控和智能安保系统可以让用户们感到安全，但事实并不如此，在这个科技发达的世界，黑客可以让安全荡然无存。在以前，小偷可找准目标，然后破门而入，偷走你的钱财。虽然现在的安保可以防止这种事情的发生，但是在未来，小偷可以通过远程网络来挑选目标，然后入侵和攻击目标家庭网络，又或者控制智能家电使智能家居整个系统瘫痪。现阶段而言，智能能源管理、远程门锁、室内监控等智能家居设备大部分采用蓝牙无线连接，通过智能手机、平板式计算机和网页来实现操作。与此同时，便利的远程操控也让隐私问题亮起了红灯。通过智能家居APP，我们可方便地操控家里所有的智能设备。但一旦智能家居APP被病毒感染，相应的麻烦将令人焦头烂额。通过盗取用户智能家居APP的账号和密码，登录用户家的网关，黑客可轻松"接管"整个智能家居系统，实现门窗、电视、空调、灯具等各种设备的开关。也就是说，家庭远程控制权已移交至黑客的手中。更让人防不胜防的是，黑客通过窃取的用户隐私数据，可轻松获得用户的家庭住址，并通过智能家居APP打开用户家的智能锁。

针对家中有老人、小孩等弱势群体的留守家庭而言，安装具有室内监控的安防智能设备当然是不二之选，但一旦这些设备遭黑客破解，被暴露的隐私问题也将是巨大的。事实上，关于此类事件并不是危言耸听。根据报道，家中带云台的网络摄像头"被黑"，导致家庭的生活隐私遭泄露，自家视频录像被传到网络上的新闻也不在少数。同样的例子还存在于其他智能家居产品，如某款智能电冰箱曾被黑客作为垃圾邮件发送端、发送数万封垃圾邮件。Nest恒温器曝出安全漏洞，黑客可以知晓用户是否在家。

6.2 智能家居未来发展趋势

智能家居自产生之日起至今，发展的历史并不太长，而如果从所谓"智能家居元年"的2014年算起，智能家居发展至今，更是仅有3年的时间，但此产业发展正以无法想象的速度刷新人们的认知。对于正处在"融合发展阶段"初期的智能家居来说，抓住政策机遇、推动技术进步、建立产业生态圈、提高产品的用户体验，方能进一步发展普及。因此以下将从政策层面、技术层面，产业层面和产品层面，预测智能家居未来可能的发展趋势。

6.2.1 政策扶持与导向

智能家居作为物联网技术在家居环境中的具体应用，带有明显的物联网发展特征，而世界各国政府对物联网产业的大力扶持，必将仍然是今后一段时间内的发展趋势。物联网通过智能感知、识别技术与普适计算等通信感知技术，广泛应用于网络的融合中，也因此被称为继计算机、互联网之后世界信息产业发展的第三次浪潮。为了抓住这次浪潮，各国政府纷纷推出物联网相关产业政策，以达到提振经济、升级传统产业的目标。

美国非常重视物联网的战略地位，"智慧地球"战略被美国政府认为与当年的"信息高速公路"一样，是振兴经济、确立全球竞争优势的关键性国家级战略。美国在物联网技术研究开发和应用方面一直居于世界领先地位，RFID技术最早在美国军方使用，无线传感网络也首先用在作战时的单兵联络，近年来新开发的各种无线传感器技术标准主要由美国掌控，如微电子机械系统技术（MEMS）传感器的开发。美国国防部在2005年将智能微尘（SmartDust）列为重点研发项目，美国国家科学基金会的全球网络环境研究中心（GENI）把在下一代互联网上组建传感器子网作为其中一项重要内容。在美国国家情报委员会（NIC）发表的《2025对美国利益潜在影响的关键技术》报告中，更是直接将物联网列为对美国利益潜在影响的6种关键技术之一。从国家层面上，在巩固信息技术领域的垄断地位，争取继续完全控制下一代互联网（IPV6）的根服务器的同时，还将在全球范围内对各个行业建立和维护产品电子代码（EPC）网络，推广采用全球统一的EPC标准，保证供应链各环节信息的自动、实时识别，从而力图主导全球物联网的发展，确保美国在国际上的垄断地位。

欧盟是世界范围内第一个系统提出物联网发展和管理计划的组织。2009年6月，欧盟委员会向欧盟议会、理事会、欧洲经济和社会委员会及地区委员会递交了《欧盟物联网行动计划》（Internet of Things-An action plan for Europe），以确保欧洲在构建物联网的过程中起主导作用。2009年10月，欧盟委员会以政策文件的形式对外发布了物联网战略，提出要让欧洲在基于互联网的智能基础设施发展上领先全球，除了通过智能控制技术（ICT）研发计划投资4亿欧元，启动90多个研发项目提高网络智能化水平外，欧盟委员会在2011—2013年每年新增2亿欧元加强研发力度，同时拿出3亿欧元专款，支持物联网相关公司短期合作项目建设。2013年，欧盟通过"Horizon 2020"计划，旨在利用科技创新促进经济成长、增加就业。研发重点集中在传感器、架构、标识、安全隐私等方面。此外，欧盟也在其国家型科研计划FP7（Framework Program 7）中设立IOT-A、IOT-6、open IOT等一系列物联网（IOT）项目，布局智能电网、智慧城市、智能交通等物联网应用项目。可以看出，欧盟希望借助国际化的研究项目，让欧洲成为物联网的研究中心，进而能够让欧洲各国的经济发展提速，并能够制定出统一标准的物联网协议，以此与美国竞争物联网的领导地位。

日本积极推行IT立国，于2000年即颁布了《高度情报通信网络社会形成基本法》（IT基本法），分别实施E-Japan、U-Japan和I-Japan战略。日本泛在网络发展的优势在于其有较好的嵌入式智能设备和无线传感器网络技术基础，泛在识别（UID）的物联网标准体系就是建立在日本开发的TRON（The Real-time Operating system Nucleus，即实时操作系统内核）的广泛应用基础之上的。日本政府还十分重视采取政策引导的方式推动物联网的发展，根据市场需求变化，对当前的应用给予政策上的积极鼓励和支持，对于长远的规划，则制定了国家示范项目，并用投入资金等相关扶持方式吸引企业进行物联网技术研发和推广应用。

韩国与日本的发展思路较为相似，均先以发展网络技术及基础设施为主。2006年，韩国提出了为期十年的U-Korea战略，物联网是U-Home（泛在家庭网络）、Telematics/Locationbased（汽车通信平台/基于位置的服务）等业务的实施重点。2009年10月，韩国通信委员会通过了《物联网基础设施构建基本规划》，将物联网市场确定为新增长动力，确定了构建物联网基础设施、发展物联网服务、研发物联网技术、营造物联网扩散环境等发展方向。2014年5月，韩国发布《物联网基本规划》，提出成为"超联数字革命领先国家"的战略，计划提升相关软件、设备、零件、传感器等技术竞争力，并培育一批能主导服务及产品创新的中小企业。同时，通过物联网产品及服务的开发，打造安全、活跃的物联网发展平台，并推进政府内部及官民合作等，最终力争使韩国在物联网服务开发及运用领域成为全球领先的国家。《物联网基本规划》提出，到2020年的具体战略目标包括扩大市场规模，促进产业生态界内部参与者之间的合作，推进开放创新，开发及扩大服务，支持企业发展等方面。

在我国，政策对于行业的发展往往起着关键性的作用和影响。我国政府很早就重视物联网发展，2009年8月，温家宝"感知中国"的讲话把我国物联网领域的研究和应用开发推向了高潮，无锡市率先建立了"感知中国"研究中心，中国科学院、运营商、多所大学在无锡建立了物联网研究院，无锡市江南大学还建立了全国首家实体物联网工厂学院。2011年，工业和信息化部印发《物联网"十二五"发展规划》，该规划首次把智能家居列入物联网发展的重要工程之一。随着物联网十二五规划的出台，智能家居迎来新一轮发展热潮。随后国家发改委、工信部、科技部、教育部、公安部、财政部、国土资源部、商务部、税务总局、统计局、知识产权局、中科院、工程院、国家标准委等相关单位联合发布了《物联网发展专项行动计划》。2014年2月18日，全国物联网工作电视电话会议在北京召开。中共中央政治局委员、国务院副总理马凯出席会议并讲话。马凯指出，物联网是新一代信息网络技术的高度集成和综合运用，是新一轮产业革命的重要方向和推动力量，对于培育新的经济增长点、推动产业结构转型升级、提升社会管理和公共服务的效率和水平具有重要意义。发展物联网必须遵循产业发展规律，正确处理好市场与政府、全局与局部、创新与合作、发展与安全的关系。要按照"需求牵引、重点跨越、支撑发展、引领未来"的原则，着力突破核心芯片、智能传感器等一批核心关键技术。着力在工业、农业、节能环保、商贸流通、能源交通、社会事业、城市管理、安全生产等领域，开展物联网应用示范和规模化应用。着力统筹推动物联网整个产业链协调发展，形成上下游联动、共同促进的良好格局。着力加强物联网安全保障技术、产品研发和法律法规制度建设，提升信息安全保障能力。着力建立健全多层次多类型的人才培养体系，加强物联网人才队伍建设。其中在应用推广转型行动计划中，"推动智能家居应用"被列为14个重点任务之一，政策推动智能家居行业的导向十分明显，这对于智能家居业来说是一个很好的发展机会。

政府的引导或直接参与是物联网发展取得阶段性成果的保证，这一点在中国尤为突出，可以说中国物联网的发展落地，政府的角色不可或缺。因此，进入政府重点支持的领域，必然将成为智能家居行业企业的发展选择。

6.2.2 技术革新与进步

目前的智能家居发展处于"融合发展阶段"初期，物与物的智能互联仍然处于较低的层次。随着微电子技术的进步、信息化的逐步发展、网络技术的日益完善、人工智能技术的升级管理、物联技术的深入应用、可应用网络载体的日益丰富和大带宽室内网络入户等对智能家居发展的不断推动，智能家居领域的技术也将实现不断的革新与进步。

以下将从5个方面举例说明智能家居技术层面的发展趋势。

1) 智能微尘（Smart Dust）。在传感器技术方面，基于MEMS技术的进步，以无线方式传递信息的立方毫米尺寸级别的超微型传感器"智能微尘"已经具备了实现的可能。

在智能家居中使用智能微尘，将有效减小产品尺寸，降低安装和维护的成本。尽管目前仍有些技术难题有待解决，但是传感器微型化已是大势所趋。相信随着超小电源供给与管理技术、低功耗数据处理和无线通信技术、MEMS一体化设计技术的不断发展和完善，智能微尘必将在智能家居传感器领域得到更广泛的应用。

2）自动语音识别技术。自动语音识别技术（Automatic Speech Recognition）是智能家居中实现人机接口的关键技术，是一种让机器通过识别和理解过程把语音信号转变为相应的文本或命令的高级技术。近20年来，语音识别技术取得了显著进步，开始从实验室走向市场。在全球物联网的浪潮下，智能语音产业已经成为IT领域中的一项新兴产业，用户认知度和市场规模正在逐渐扩大。在国外，世界三大IT巨头苹果、谷歌、微软，都在积极布局各自的智能语音市场，苹果的Siri、谷歌的Google Now/Google Assistant、微软的Cortana陆续推向市场，苹果的Siri语音控制功能更是被认为开启了新一轮智能语音科技革命。在国内，智能家居尤其是智能电视机领域的自动语音识别技术发展更是呈现出一派欣欣向荣之象，长虹、康佳、TCL、乐视、海尔、海信、创维等几乎各大国内传统家电企业纷纷走上变革之路，推出自己的带有语音控制功能的智能电视。语音控制作为最自然、最便捷的控制方式，虽然目前还面临一些技术瓶颈，但在技术不断走向成熟之后，困扰其应用的准确度和稳定性问题也有望迎刃而解，将语音控制技术规模化应用于智能家居或将成为未来的发展趋势。

3）体感交互技术。智能家居操控发展的历程可分为四个阶段：第一阶段以鼠标单击控制为主，第二阶段以触摸控制为主，第三阶段以语音控制为主，第四阶段以体感控制为主。体感技术让人不必受限于遥控器等控制终端，以更自然的方式与智能家居进行交互。目前，基于惯性感知的体感技术和基于视觉感知的体感技术，已经具有较强的家庭娱乐业界基础。在国外，智能家居的娱乐系统中，基于惯性感知的体感技术如任天堂公司的体感游戏控制器Wii、基于视觉感知的体感技术如微软公司XBox游戏机附属的Kinect视觉感知设备，都已经为人们所熟知。在国内，传统家电企业仍是推动体感交互发展的主力。例如，海尔推出了内置摄像头的智能空调，允许用户用手势控制空调。用户在摄像头面前举手即获得空调的控制器，快速握拳并松开即可使空调开机，向左挥手即降低1℃设定温度，向右挥手即升高1℃设定温度，握拳保持不动，空调会自动在高风速、中风速、低风速、自动风速之间切换，放下手空调就会停留在设置的状态。此外，随着增强现实技术的进步，感知技术和展示技术（如投影）的结合，综合了用户输入和输出，未来的智能家居体感交互技术发展也或将结合增强现实技术，以便带来更好的操控感受。

4）云计算。智能家居系统的稳定性、可靠性、安全性，是建立在良好的智能硬件基础上的。随着越来越多智能硬件需要记录和分析音频和视频信息，这对存储空间和计算速度的要求很高，没有容量足够大的存储设备，信息将难以储存，甚至造成大量的数据丢失，更无法对数据进行针对性的查询分析和计算。云计算作为一种低成本的虚拟存储和计算资源，用户随时随地可以申请部分资源，支持各种应用程序的运转，降低了成本，获取了更好的服务。同时，云端平台数据还可以共享，可以在任意地点对其进行操作，同时对多个对象组成的网络进行控制和协调，云端各种数据能同时被多个用户使用。随着各大互联网巨头都已经开始布局云计算，如谷歌的Google Cloud Platform、微软的Microsoft Azure、IBM的Watson IoT Platform、亚马逊的Amazon Web Services，可以预见"智能家居+云端"必将是未来发展的趋势。

5) 人工智能。智能家居的"智能化"发展已经走过了两个阶段：一是联网控制，如名目繁多的智能水壶、智能插座等；二是家电联网，终端接入传感器，去触发其他设备联动。第三个阶段重点在人机交互，趋近于人工智能，人与家电的沟通，就像人与人的沟通。将人工智能应用到智能家居中，利用机器学习、数据挖掘、神经网络、深度学习等新技术的发展，让智能家居具备自我学习能力和自我适应能力，从而更好地与人沟通并为人服务，实现只有在科幻电影里才有的场景，一直是让人们无比期待的。在国外，全球科技巨头都在发力人工智能操作系统，如Facebook的智能管家Jarvis，可以控制电灯、烤吐司、播放歌曲，谷歌的TensorFlow则在自然语言处理、语音识别、视觉领域、机器人等方面均有所成就，微软的智能对话系统小冰也在向操作系统演化。在国内，海尔推出海尔U+智慧生活开放平台，以人工智能作为技术支撑，以语音语意理解、图像识别、衣物识别、人脸识别为入口，通过人工智能机器学习，理解用户所想，主动为用户提供舒适健康的生活。在日前举办的CES2017上，智能家电和AI的结合更是几乎成为标配，无论是长虹的Brain Control TV、TCL的Aixperience TV，还是海尔的Smart living、三星Smart Hub，都是人工智能与家居产品的融合。

6.2.3 跨界与无边界

在后互联网时代，随着数字化和智能化向各行各业拓展，智能家居由发展单个产品也逐渐变成了布局整条产业链，并最终形成完整成熟的商业生态系统。

但是与互联网时代建立的虚拟世界不同，物联网时代建立的是一个万物互联互通的现实世界，而现实世界高度的复杂性，决定了智能家居产业链和生态系统的建立，必然伴随着不同行业之间的跨界合作，甚至是不同产业之间的融合。

1. 智能家居产业链

产业链（Industry Chain）是产业经济学中的一个概念，是指各个产业部门之间基于一定的技术经济关联，并依据特定的逻辑关系和时空布局关系客观形成的链条式关联关系形态。产业链是一个包含价值链、企业链、供需链和空间链四个维度的概念。产业链中大量存在着上、下游关系和相互价值的交换，上游环节向下游环节输送产品或服务，下游环节向上游环节反馈信息。

智能家居经过二十几年的发展，已经初步形成一个庞大的产业，拥有了较为完整的产业链条，市场中从设计、原材料供应、生产到渠道甚至维护都有了专门的力量。智能家居产业链大致可以分为上游、中游、下游三部分，分别是上游的传感器供应商、芯片提供商以及通信模块等元器件生产企业，中游的网络运营商、平台服务商以及系统集成等企业，下游的智能终端设备、应用APP服务、影音视听服务等终端服务供应企业。

智能家居产业链上游主要有包括英特尔Intel、德州仪器TI、高通QUALCOMM、ARM、霍尼韦尔Honeywell、飞利浦Philip、美满电子Marvell、意法半导体ST等厂商以及我国的东软载波、复旦微电子、歌尔声学等企业。在智能家居产品上游的众多零部件中，芯片直接反映了智能家居的主流技术路线特点和产品性能，因此已经成为智能家居上游产业链最核心的环节，智能家居产品性能上的不断提升都需依托于芯片供应商。

智能家居产业链中游以互联网企业为主，主要包括微软、谷歌、苹果、亚马逊、IBM、思科等厂商以及我国的远望谷、新大陆、华为、阿里巴巴、百度、腾讯、中国移动等企业。

智能家居产业链下游企业种类繁多、百花齐放，既有传统行业中的家电厂商、厨具厂商、安防厂商，也有新兴的个人数码设备厂商、手机厂商，还包括提供影音视听服务的厂商和专门以开发APP应用为主的厂商。在产业链的下游，既可以看到三星、海尔、海信、格力、美的、TCL、海信、长虹、九阳、康佳，也可以看到视得安罗格朗、冠林、安居宝、振威，还可以看到小米、乐视、爱奇艺。众多企业都希望在智能家居的浪潮中抢占先机，于是纷纷通过推出各式各样的智能家居单品的形式，向市场和消费者宣示自己的存在。

2. 智能家居商业生态系统

商业生态系统（Business Ecosystem）是借鉴生态学的概念，由美国著名经济学家穆尔提出，是指以组织和个人（商业世界中的有机体）的相互作用为基础的经济联合体。它是供应商、生产商、销售商、市场中介、投资商、政府、消费者等以生产商品和提供服务为中心组成的群体。它们在一个商业生态系统中担当着不同的功能，各司其职，但又形成互赖、互依、共生的生态系统。在这一商业生态系统中，虽有不同的利益驱动，但身在其中的组织和个人互利共存，资源共享，注重社会、经济、环境综合效益，共同维持系统的延续和发展。

随着越来越多的创业者涌向硬件市场，用户的可选择性越来越多，封闭的生态链模式的缺陷越发明显。尽管每一家公司都对智能家居市场拥有极大的野心，但就目前的情形来看，还没有任何一家企业有能力涉足整个智能家居产业链，尤其是在智能家居产品的设计、生产及制造方面，于是通过平台化运作实现优势资源互补便成为最容易实现的方式。松下在2016亚洲消费电子展上发布了其智能家居创新技术"Ora"，可通过一个平台将照明、供暖、摄像头、运动传感器和各种智能电器进行集成，实现个性化家居体验管理。苹果和谷歌旗下Nest Labs开发的同类技术，可以与不同厂商设备进行互动，无需客户购买独立的中控设备。三星SUHD智能电视，不仅是4K高清液晶智能电视，更集成了Smart Things智能家居平台，作为智能家居中枢，可对各类设备进行集中管控。LG发布的智能家居控制中心

Smart Thin Q Hub则是一个内置扬声器的音响，同时可以通过蓝牙、Z-Wave和ZigBee连接其他智能产品，形成智能家居管理中枢。百度、京东、阿里等互联网巨头利用自身掌握的大数据、云服务优势，寻求与智能设备公司合作，推出了"QQ物联"智能硬件开放平台、"Baidu Inside"智能硬件合作计划。华为智能家居战略的核心是华为HiLink协议和Huawei LiteOS（开源的轻量级物联网操作系统，让智能硬件开发变得更加简单）。华为公司通过给合作方提供协议、操作系统以及物联网芯片等方式，积极将合作方加入到华为的智能家居生态中来。此外，中国电信、中国联通、中国移动三大电信运营商早在几年前便着手部署智能家居战略。中国电信与海尔签订"E-store项目"合作协议，在智能家居方面展开合作；中国联通牵手美的，发力3G智能空调，中国移动则推出了基于TD-SCDMA无线通信技术和物联网技术的"宜居通"，从安防预警、家电远程控制、无线路由等方面全方位优化生活方式和居住环境。

当然，必须看到，尽管跨界合作已经把传统行业的边界变得越来越模糊，但是目前智能家居生态系统仍远未成熟。只要稍具规模的企业都希望自己搭建平台吸引其他企业加入，甚至不少企业都声称要搭建一个开放、互联的平台。但由于智能家居行业缺乏统一的技术标准，所以在短期内，圈地、站队的混战局面仍无法避免。然而彼此相对封闭的智能家居平台并不利于该行业的发展，毕竟要想真正做到家居智能化，就势必要实现不同产品之间数据的互通、互联、互动。纵观目前智能家居市场格局，多个智能家居生态早已开始展开角逐，可以预见的是，随着行业技术标准的不断趋同统一，智能家居行业或将迎来一场新的融合。

6.2.4 科技以人为本

与其他许许多多的科技发明一样，智能家居的开发目标也是让人们更好地享受科技带来的福利。根据Home Automation Association（HAA，家庭自动化协会）对智能家居的定义，智能家居是一个使用不同的方法或设备的过程，以此来提高人们生活的品质，使家变得更舒适、安全和有效。因此，智能家居必须以人为载体，以为人们提供舒适、安全和有效的产品或服务作为出发点和终点，在整个系统设计、产品功能设计上，要注意充分考虑用户习惯，减少不必要和不实用的功能，能够实现不培训、不辅导就可轻松上手，从而获得良好的用户体验。

在互联网时代，产品是否能够成功，用户体验越来越变成一个关键因素。用户购买产品，并非交易的终点。恰恰相反，当用户拿起产品、使用产品的时候，用户体验之旅才真正开始，而用户的体验之旅是否愉快，将直接影响产品的口碑，进而影响产品的销售。智能家居要重视用户体验与参与，抓住用户的需求，减少不实用的功能。目前的智能家居主要集中于产品与互联网的连接上，对于用户真正的需求却没有切实把握。产品功能的实现务必要建立庞大的数据库，通过大量的数据分析总结，梳理一定的行为模式，围绕产品体验问题来满足用户需求。

6.3 本章小结

本章重点介绍了智能家居在发展过程中存在的技术尚不完全成熟、标准和协议不统一、产品碎片化以及安全和隐私泄露等问题，并结合智能家居近年来的主要发展情况，介绍了未来智能家居可能的发展趋势。

思考题

1）简述制约智能家居目前发展的问题。

2）简述我国政府对物联网发展的政策导向。

3）简述智能家居产业链的组成。

4）结合日常生活中接触过的智能家居产品，谈一谈智能家居应该在哪些方面改进用户体验。

实训6　智能家居虚拟安装演示

1. 实训目的

1）了解智能家居虚拟安装的新趋势。

2）了解智能家居虚拟安装的新技术。

2. 实训设备

智能家居虚拟安装实训套件、相关软件等。

3. 关键知识点

1）虚拟安装手势控制。

2）影响手势控制的主要因素。

4. 实训内容

利用手势动作，结合相应的实训控制套件，如传感器、无线节点、识别处理软件等，对相应的智能家居进行安装控制，并找出影响手势控制的主要因素。

5. 实训总结

通过本实训对智能家居虚拟安装技术有了感性认识，对手势控制家居安装的工作原理有了一定了解，并对影响手势控制的主要因素有了一些体验，为未来学习其他智能家居相关的新技术及应用打下了基础。